WILEY
做中学丛书

25堂生态实验课

Janice VanCleave's Ecology for Every Kid

【美】詹妮丝·范克里夫 著 韩笑 译

图书在版编目（CIP）数据

25堂生态实验课 /（美）詹妮丝·范克里夫著；韩笑译．
—上海：上海科学技术文献出版社，2014.12
（做中学）
ISBN 978-7-5439-6404-4

Ⅰ．① 2… Ⅱ．①詹…②韩… Ⅲ．①生态学—实验—青少年读物 Ⅳ．① Q14-33

中国版本图书馆 CIP 数据核字（2014）第 244627 号

Janice VanCleave's Ecology for Every Kid: Easy Activities that Make Learning Science Fun

 图字：09-2013-532

责任编辑：石　婧
装帧设计：有滋有味（北京）
装帧统筹：尹武进

25堂生态实验课
[美]詹妮丝·范克里夫　著　韩　笑　译
出版发行：上海科学技术文献出版社
地　　址：上海市长乐路 746 号
邮政编码：200040
经　　销：全国新华书店
印　　刷：常熟市人民印刷厂
开　　本：650×900　1/16
印　　张：11.5
字　　数：124 000
版　　次：2014 年 12 月第 1 版　2018 年 11 月第 2 次印刷
书　　号：ISBN 978-7-5439-6404-4
定　　价：20.00 元
http://www.sstlp.com

目　录

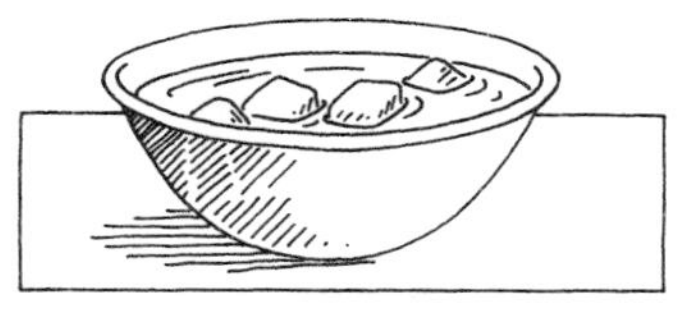

二氧化碳

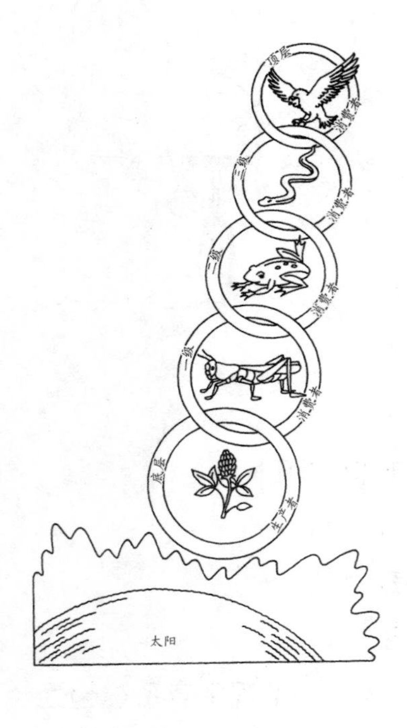
顶层消费者
三级消费者
二级消费者
一级消费者
底层生产者
太阳

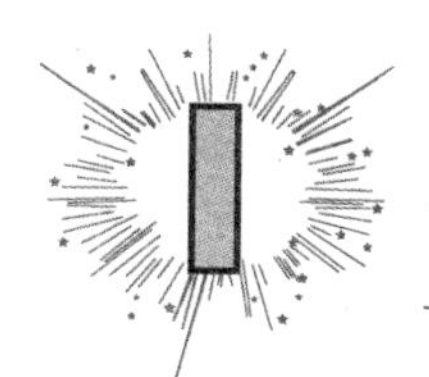

空间共享者
——什么是生态学

常识须知

栖息地(动植物生活的地方)的希腊语是 oikos。1869 年,德国的生物学家厄恩斯特·海克尔(1834—1919)创造了 oekologie 一词,意为“在环境中对生物的研究”。今天使用的 ecology(生态学)这个词是海克尔 oekologie 的英语版本。

生态学家是研究生物及其生存环境的科学家。**生物**是指所有活着的东西,包括植物、动物和微生物。**环境**包含对生物产生影响的一切事物,无论是有生命的还是无生命的。

比如说,一个生态学家研究你家里小老鼠的生存环境,同样会包括同一物种的其他动物,例如更多老鼠,还有不同物种的其他动物,其中包括家里的宠物、你和你的家人。**物种**是一群相似并且相关的生物有机体。生态学家也会研究老鼠的捕食者们(猎杀其他动物为食的动物),比如猫。关于老鼠吃什么、天气如何,以及房屋内部的构造,都会被记录下来。在老鼠皮毛里的跳蚤和在跳蚤身体里的细菌也是老鼠的生存环境很重要的部分。这项研究会使生态学家更好地理解老鼠的行为举止,以及环境如何影响老鼠,反过来老鼠又是怎样影响环境的。

老鼠的生活环境

活着的生物是大环境的一部分，同时也是其他更小生物的栖息地。成千上万的小生物，例如生活在动物（也包括你）体内和身体表面的细菌。是的，你的身体也是其他生物的栖息地。

和大多数动物不同，一天当中，人类会从一个地方移动到另一个地方。你的生存环境包括了你的家、学校、公园、商店，以及你朋友的家。使你和其他动物不同的另一件趣事是你有能力改变环境。例如，夏天你可以打开风扇或空调，冬天你可以打开加热器以改变室内温度。

你的部分生存环境

练习题

仔细观察下图并回答问题：

1. 图中有多少种生物？

2. 图中有多少个生物栖息地？

小实验　种子的旅行

实验目的

判断你是怎样影响环境中植物种子的扩散与传播的。

你会用到

8 汤匙（120 毫升）盆栽土，4 只体积为 150 毫升的纸杯，一卷遮蔽胶带，一支铅笔，一本笔记本，一只鞋盒，一双高筒雨靴，一把金属汤匙（15 毫升），一些自来水。

实验步骤

注意：_此实验应该在春天或者夏天的雨后进行。_

❶ 在每只纸杯里装 2 汤匙盆栽土。

❷ 用胶带和铅笔在杯子上标注序号 1～4。

❸ 把杯子、铅笔和笔记本放在鞋盒里。

❹ 穿上高筒雨靴。

5. 带着鞋盒穿过树林或者公园，有意走过泥泞的地区。
6. 用汤匙从雨靴底刮下一汤匙的泥。
7. 把刮下的泥放入杯子 1 中，然后把杯子里的泥和盆栽土混合在一起。
8. 在笔记本中记录下杯子 1 中泥土收集地区的情况。
9. 在不同的泥泞地区重复步骤 5～8，把其他 3 只杯子放入泥后回家。
10. 把 4 杯盆栽土和泥的混合物放在鞋盒里，把鞋盒放在温暖安静的地方，比如窗子附近。
11. 每天观察杯子里的泥土，持续 2 周，直到你看到杯子里有植物长出来。偶尔给杯子里的土壤浇水以保持土壤湿润（但不要太湿）。

实验结果

在某些杯子里甚至所有的杯子里，会长出植物。

实验揭秘

杯子里会长出植物，表明粘在雨靴上的泥土里有种子存在。种子从植物上掉下来，和周围的土壤混合在一起。当你走过泥地，种子会粘在靴底上。当你把刮下的泥放入杯中时，泥土里也许有种子，如果温度和湿度适宜，种子也会生长发芽，就像杯中的种子一样。

靴底把种子从一个地方带到另一个地方，这样就帮助了植物传播种子。每次你走过植物生长的地区，都可能会帮助传播植物的种子。这是你影响环境的方式之一。

练习题参考答案

1. 解题思路

有机体是生物。

答: 图中有4种生物,分别是:树、松鼠、孩子和细菌。

2. 解题思路

(1) 栖息地是生物生活的地方。

(2) 树是松鼠和细菌的栖息地。

(3) 房子是男孩、细菌,甚至松鼠的栖息地(松鼠有可能住在阁楼里)。

(4) 松鼠和男孩都是细菌的栖息地。

(5) 细菌太小,不能作为图中生物的栖息地。

答: 4个栖息地是:树、房子、松鼠和男孩。

联系
——生物之间怎样和谐共处

常识须知

生活在某一个特定区域同一物种的生物构成种群。**种群**也指一个群体里的个体总数，比如，一个城镇的人口。某村的人口是846，意味着有846人生活在这个村。

当不同种群生活在同一个地区时，它们就构成了一个**群落**。这些生物通常相互影响、相互依赖地生存着。

栖息地就像一个物种的住址。一个栖息地是一个物种的家，比如相互连接的土拨鼠洞。**群落栖息地**是许多生物的家，比如，一棵树，有许多物种生活在那里。因为不同的物种构成的同一个群落有同一个住址，一个栖息地也是一个群落的家。荒漠、湖、一棵树、森林，甚至你家的后院都是生物的栖息地。

生物不能独立生存。在自然群落里，每一个物种对群落的生存都很重要。**生态位**是一个物种所处的环境及其本身生活习性的总称。生态位包括物种的栖息地，它吃的食物、进行的活动，以及和其他生物的相互影响。

橡树街15号
松鼠家
橡树街15号
小鸟家
草原路75号
土拨鼠公寓

一些生态位包含许多生物。例如，松鼠的生态位从树上的巢穴开始。松鼠吃坚果、鸟蛋和其他生物，同时它也会被老鹰和其他动物猎食。松鼠的粪便会使土壤肥沃，使植物生长，被松鼠埋起来的坚果会长成新的树木。在森林部落里，这些只是松鼠生态位活动的一部分。

练习题

1. 研究下面 3 幅图，判断哪一幅图代表一个群落。

2. 下图中的符号代表群落里不同类型的物种。图例解释了符号的含义。研究图例和图形，回答以下问题：

a. 图中描述了多少个不同的种群？

b. 哪个物种的种群最大？

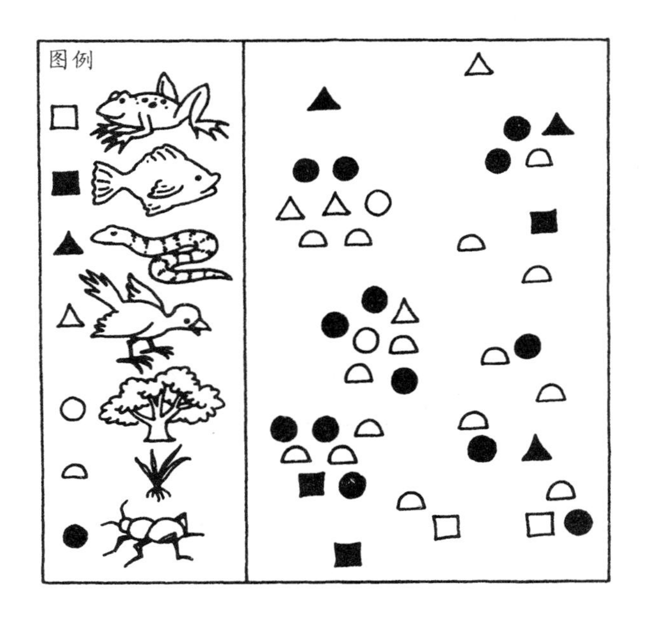

小实验　观察蚯蚓

实验目的

确定蚯蚓的生态位。

你会用到

2 杯(500 毫升)土,一只大碗,一些自来水,一把调羹,一只广口瓶,一杯(250 毫升)沙子,一汤匙(15 毫升)燕麦,10～12 只蚯蚓(从鱼饵商店买或自己挖),一张深色的纸,一根橡皮筋。

实验步骤

1. 把土倒进碗里。
2. 一边搅动一边缓慢地将水倒进碗里,直到土微微湿润。
3. 把湿土的一半倒进广口瓶里。
4. 把沙子倒在土上。
5. 再加入剩余的土。
6. 把燕麦撒在土上。
7. 把蚯蚓放入广口瓶中。
8. 用纸把广口瓶包上,用橡皮筋系牢。把瓶子放在阴凉处。
9. 一周中,每一天都把纸拿掉,观察几分钟。然后用纸重新包裹瓶子,放回阴凉处。
10. 一周后,把蚯蚓放回原处或者室外花园、树木繁茂处。

实验结果

蚯蚓开始扭动，钻进了土里。几天后就能看到土里的洞穴，并且深色的土和浅色的沙子混合在了一起。

实验揭秘

和许多生物的生态位相比，蚯蚓的生态位很简单。蚯蚓吃住在土壤里。从其他生物的遗骸中，尤其是从土壤中的植物吸取营养成分。蚯蚓的活动疏松了土壤，这样植物便能很容易通过土壤吸收所需的水分和空气。蚯蚓的排泄物也增加了植物需要的营养。

练习题参考答案

1. 解题思路

(1) 图 A 是单一的生物。

(2) 图 B 是同一物种的一组生物,所以它是一个种群。

答:图 C 是一组不同的种群,所以它是一个群落。

2a. 解题思路

图中有几个不同种类的生物?

答:有 7 个不同的种群。

2b. 解题思路

数一数图中每一个符号的数量,判断每一个物种代表的种群。

青蛙	2
鱼	3
蛇	3
鸟	4
树	2
青草	15
昆虫	13

答:青草构成了图中最大的种群。

和睦相处的群居动物

常识须知

生物之间的大多数关系都与合作有关，这有助于每个生物参与其中。这些关系中，有些很简单，有些很复杂。生活在一起的小种群为了彼此的利益在某种程度上互相依赖称作**社群**。许多群体的功能像家庭一样，要共同分担工作。猩猩的社群和人类相似，小猩猩在家庭里长大。互相依赖的大种群称作**群体**。

生活在群体中的动物称作**群居动物**。不同群居动物的个体之间在群体中表现出不同程度的依赖性。例如，企鹅和蜜蜂是群居动物。对于企鹅个体来说，生活在群体中的最大好处就是“人”多势众。而蜜蜂为了生存和群体的延续，在很多方面都互相依赖。

另一种群居动物是**超个体**。超个体看起来像是一种生物，其实是许多群居动物的结合体。举个例子，一簇活珊瑚包含成千上万只珊瑚虫。每只珊瑚虫都有一个管状的身体，一端粘着海底的岩石或者互相粘着，另一端是被手指状的触手环绕的口。这些花状的动物以食物共享的方式连接在一起。

珊瑚虫死后，死去的珊瑚虫变成了坚硬的骨骼。另一种超个体是葡萄牙僧帽水母。这种漂浮的有摇摆触须的气球状生物实际上是水螅的群居体。和单个的生物相比，超个体是更有效的生命形式。

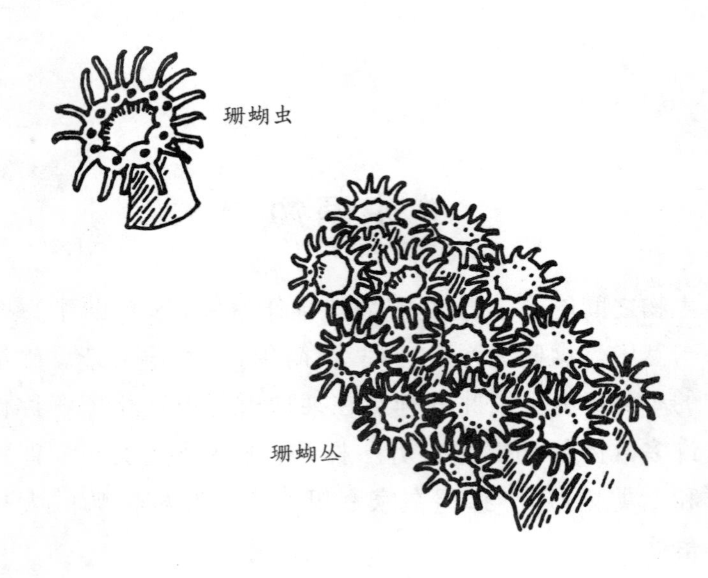

练习题

1. 发挥你的想象力，设计由 3 个同一物种的单个生物构成的超个体，每一个生物承担不同的分工。这个超个体必须能制造食物，能从一个地方迁移到另一个地方，并且具有自我保护的能力。
2. 仔细研究下页的图形，推断它是否代表了一个社群或群体。

a
b
c

小实验 观察蚂蚁

实验目的

观察蚂蚁群落。

你会用到

2杯(500毫升)土,一只广口瓶,一副手套,一只长把的搅拌勺,一团蘸水的棉球,一片苹果,用旧袜子剪下一个15×15(厘米)的正方形,一根橡皮筋,一把剪刀,一张黑纸,一卷透明胶。

实验步骤

注意: *小心不要让蚂蚁爬到你的皮肤上。有人会对蚂蚁的叮咬过敏。如果你过敏,就不要做下面这个实验。*

❶ 把2杯土倒入广口瓶中。

❷ 确定蚁巢的位置,把瓶子放在距离蚁巢1米远的地方。

❸ 戴上手套,用勺子搅动蚁巢的出口,当蚂蚁爬出蚁洞时,用勺子舀2~3勺包含蚂蚁的土倒入瓶中。确保瓶子中有15~30只蚂蚁。

❹ 用戴手套的手拂掉瓶子外面的蚂蚁。

❺ 迅速把湿棉球和苹果丢进瓶里。然后用袜子快速盖上瓶口。

❻ 用橡皮筋系住瓶口。

❼ 用剪刀、黑纸和胶带制成能够松散套在瓶子外面的纸

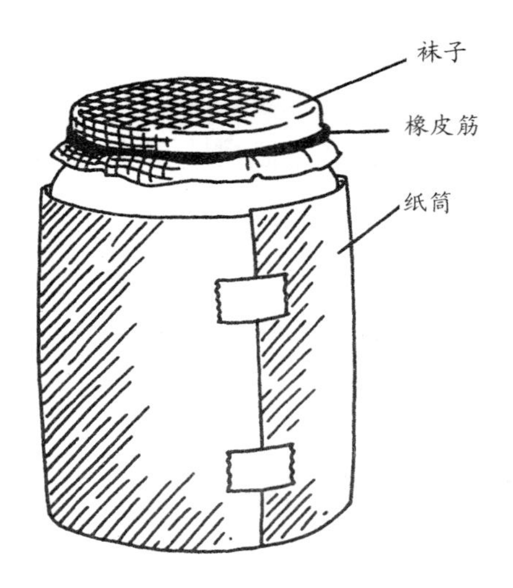

筒。这个纸筒应该比瓶子里的土壤高 5 厘米，把瓶子放在阴凉处。

8. 一周中每天移开纸筒几次，观察瓶子里面。然后再把纸筒套在瓶子上，放回阴凉处。
9. 一周过后，把瓶子里的蚂蚁放回你当初找到它们的地方。

实验结果

当蚂蚁刚被放入瓶子里时，蚂蚁会疯狂地到处爬，但是后来就会稳定下来。有一些蚂蚁几乎马上就开始挖洞，有一些蚂蚁则继续在土壤表面四处探索。一周过后，你就能看到瓶中清晰可见的蚁洞，小蚁巢点缀在土壤表面。当你观察蚂蚁爬来爬去时，你会看到每只蚂蚁都有特定的分工。

实验揭秘

蚂蚁是群居的昆虫。每一个蚁群有多只雌性工蚁和至少一只蚁后。蚁后是唯一产卵的雌性，然而构成群体大部分的工蚁是不会产卵的雌性。为了修建地下的蚁洞，工蚁把土运到地表，倾倒的土构成了蚁巢。工蚁也有其他的任务：有的守卫蚁巢，有的保持蚁巢清洁，有的保护蚁后和幼蚁，还有的是采集食物的。你最有可能收集到的是一些工蚁，所以能观察到它们是怎样做这些事情的。蚂蚁是为数不多的有分工的动物之一。

练习题参考答案

1. 解题思路

超个体中的单个生物分工完成 3 项任务：制造食物、迁移、自我保护。

答： 下图是想象中超个体可能的例子。

2a. 解题思路

（1）社群是生活在一起的小群体，在某种方式上互相依赖。

（2）群体是其中成员相互依赖的一个大种群。

答：狮子群是一个社群。

2b. 解题思路

一大群鸬鹚表明它们不是一个小的社群。一些海鸟的群体包含成千上万只鸟。

答：鸬鹚是一个群体。

2c. 解题思路

一个家庭可以生活在一个偏僻的农场或者一个小的社区，或者生活在一个拥有百万人口的城市里。一大群人可以被看作是一个群体，就像许多鸟也代表一个群体一样。

答：这个家庭是一个社群。

好朋友还是坏朋友

物种之间的相互作用

互利共栖关系是建立在两个不同物种之间的。在这种关系中，两种生物都会受益。一个有趣的互利共栖的例子是鳄鱼鸟和鳄鱼。鳄鱼让鸟清洁它的牙齿和嘴巴。鸟会剔除鳄鱼牙齿里的食物残渣并吃掉水蛭及其他对鳄鱼牙齿有害的生物。另一个类似的关系是牛尾鸟栖息在犀牛的后背上，啄食吸血的扁虱和苍蝇。所有的动物在这两种关系中都能受益。鸟找到了食物，鳄鱼和犀牛被清洁干净了，没有动物在这种关系中受到伤害。

另一个互利共栖的例子是牛和它胃里细菌之间的关系。牛吃植物，但是又不能消化称作纤维素的植物纤维。人们在牛胃里发现了一种特殊的纤维素消化细菌，它能释放使牛能消化纤维素的化学物质。这种细菌为它的寄主提供了宝贵的营养以换取一个安全、潮湿、充满食物的环境。两种生物从它们的关系中都能获益。

寄生是指一种关系，其中一个生物——寄生虫，通过依赖或生活在寄主（另一个生物）体内来保证其营养。寄生虫是寄

居生物。这种关系通常对寄生虫是有益的，对寄主是有害的。大多数的寄生虫不会害死它们的寄主。虱子和跳蚤是常见的寄生虫，它们吸食寄主的血液。各种蠕虫是寄居在其他动物体内常见的寄生虫。

共栖是不同物种的两个生物之间的关系，寄居生物依赖或生活在寄主体内。寄居生物从这种关系中受益，但是寄主既没受益也没受害。共栖关系的例子之一是附生植物（比如地衣和苔藓），植物在其他活体植物上面生长，并且不伤害寄主植物。附生植物从空气和雨水中获取营养而不是从寄主那里获取营养。寄主只提供攀附的结构。附生植物在热带雨林很常见，它们依附植物的枝杈汲取阳光和雨水以及所需要的空气。

练习题

1. 利用画谜（用图和符号代表一个词）指出以下描述的生物的名字。

a. 这种生物是一种鸟，它吃的是依赖羚羊为生并使羚羊烦躁的昆虫。当其他动物靠近羚羊时，这种鸟会发出很大的声音并飞起来。

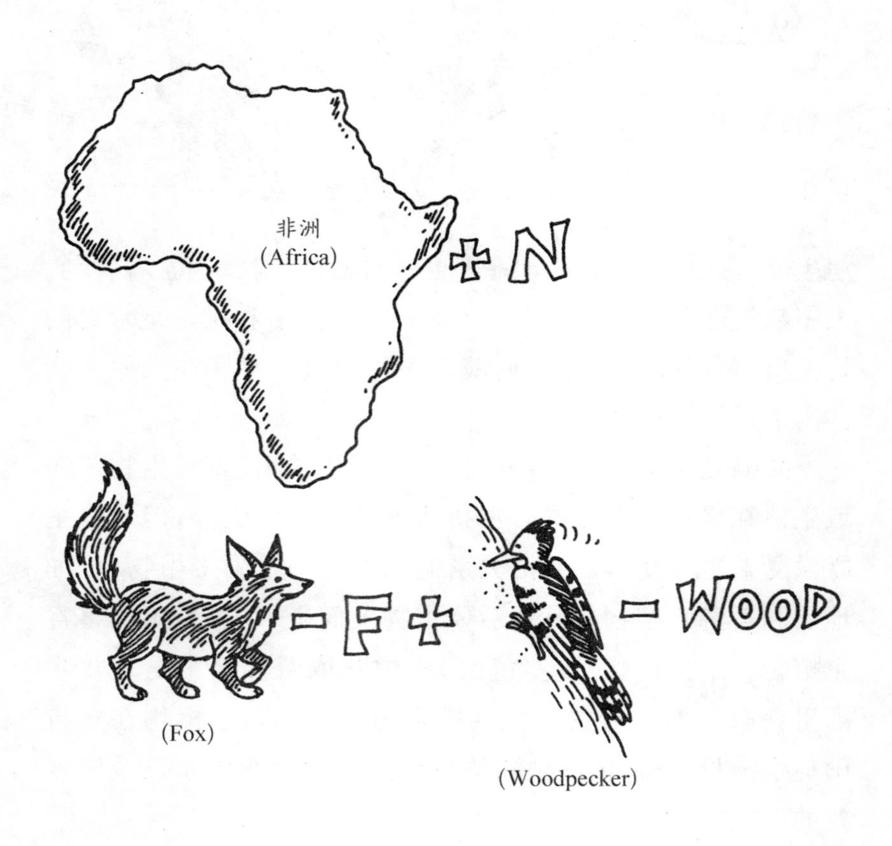

b. 这种生物生活在寄主的肠道内，吸食寄主的血液。寄主会遭受失去血液之苦，变得很瘦弱，很容易患病。

2a. 选择一个能够描述 1a 中鸟和羚羊之间关系的词。

- 共栖
- 寄生
- 互利共栖

2b. 哪一个词能够描述 1b 中生物和它的寄主之间的关系？

小实验　观察苔藓

实验目的

观察苔藓。

你会用到

2～3 个苔藓标本（在树木的背阴面经常会看到鳞状或者

叶状的淡绿色斑点)，一盏台灯，一把放大镜，一只小碗，一只小水杯，一些自来水，一根滴管。

实验步骤

1. 把一个苔藓标本放在台灯下。
2. 用放大镜观察苔藓的表面。
3. 把另一个苔藓标本放在碗里。
4. 往碗里倒入半杯水。
5. 用滴管往碗里的苔藓表面滴 2～3 滴自来水。

实验结果

苔藓表面有绿色和白色的区域，苔藓像海绵一样吸收了水。

实验揭秘

苔藓是绿色藻类和无色菌类的结合体。苔藓是共栖的例子之一。绿色的藻类包含**叶绿素**——用于光合作用的一种绿色吸光色素。**光合作用**是植物利用被叶绿素收集的光能来吸收空气中的二氧化碳,产生氧气和水并转化成植物食物的过程。藻类的食物和菌类的食物是共享的,因为菌类没有叶绿素,自己不能制造食物。但是菌类能够吸收包含矿物质的水,这对它和藻类的生存非常重要。菌类通过细丝状物质依附在树皮等物体的表面,攀附在苔藓上。这两种生物都从这种关系中相互获益。

练习题参考答案

1a. 解题思路

Africa(非洲) + n = African(非洲的)

Fox(狐狸) - F + (Woodpecker)啄木鸟 - Wood = oxpecker(牛椋鸟)

答: 这种鸟是非洲牛椋鸟(African oxpecker)。

1b. 解题思路

钩子 + 蠕虫 = 钩虫。

答: 这种生物是钩虫。

2a. 解题思路

(1) 非洲牛椋鸟从羚羊身上的昆虫那里获取营养。摆脱了这些讨厌的昆虫后，羚羊会觉得很舒服。

(2) 鸟飞起的声音给了羚羊警报，可以防止羚羊受到捕食动物的袭击。这样，羚羊活得越久，牛椋鸟就能继续觅食。

(3) 两种生物都从这种关系中受益。

答：非洲牛椋鸟和羚羊之间的关系就是互利共栖关系。

2b. 解题思路

(1) 钩虫从寄主血液中获取营养。

(2) 血液的流失会对寄主造成伤害。

答：钩虫和寄主之间的关系是寄生关系。

5 食物链

生物怎样通过食物联系在一起

昆虫吃树叶，青蛙吃昆虫。这3种生物在基本能量链条中，也就是通常说的食物链中构成了两个环节。**食物链**又称营养链，是生物群落中各种动物、植物和微生物之间由于摄食的关系所形成的一种联系。在大多数食物链中，第一个链条的能量的主要来源是太阳。植物利用太阳能通过光合作用制造食物。因此，植物被称作**生产者**，因为它们是食物链中唯一能利用无生命的物质来制造食物的生物。

动物自己不能制造食物，必须吃掉其他生物。因此，动物被称作**消费者**。如果它们是食草动物（只吃植物的动物），它们就是一级消费者。食肉动物（吃其他动物的动物）猎食一级消费者，称作二级消费者。三级消费者吃一级或者二级消费者，依此类推。食物链顶端的生物称作顶级消费者。在食物链中很少有超过5个级别的消费者。从链条的顶端到底部，每个级别会越来越庞大，因为每种生物必须吃掉下一个级别中更多的生物，才能获取生存所需的足够能量。

一些细菌和真菌能够使死去的动植物腐烂。这些生物称

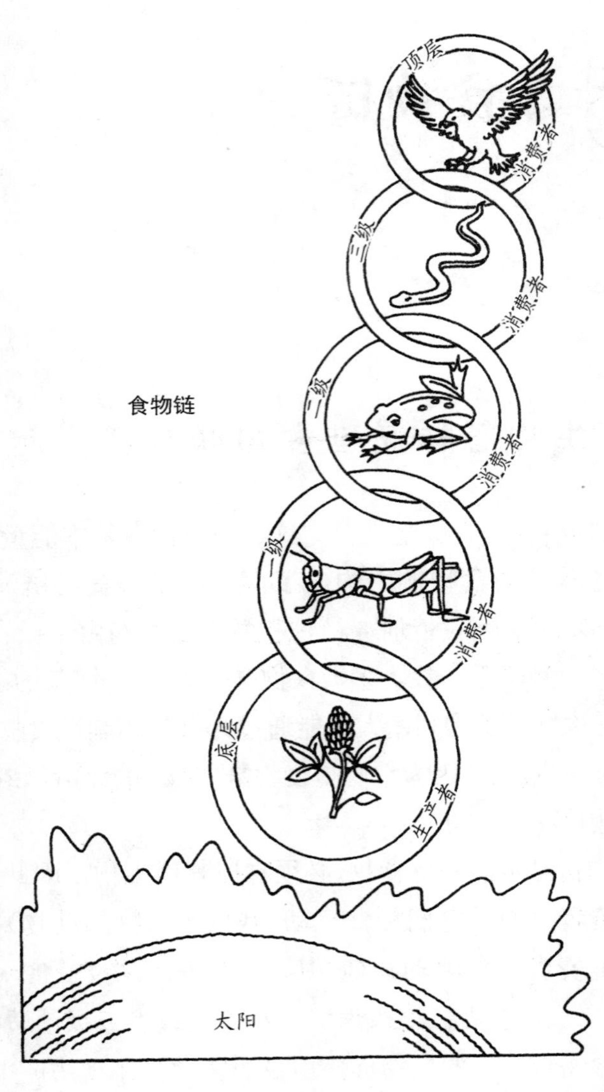

作**分解体**。被分解物质中的营养和矿物质成为土壤的一部分。植物从土壤中吸取营养和矿物质。因为分解体能同时分解生产者和消费者，从而有助于供给生产者。它们是食物链中能量传送的一部分。这种食物的传送是从生产者到消费者再到分解者，然后再回到生产者的一种持续的循环过程。

植物和动物可能是不同动物的食物，大多数动物吃一种以上的食物。因此，许多动物同时属于不同的食物链。不同群落的食物链联系在一起就构成了**食物网**。

然而明确的食物网被认为是在一个群落里，来自一个食物网的动物可能取食于另一个食物网的动植物。杂食动物既

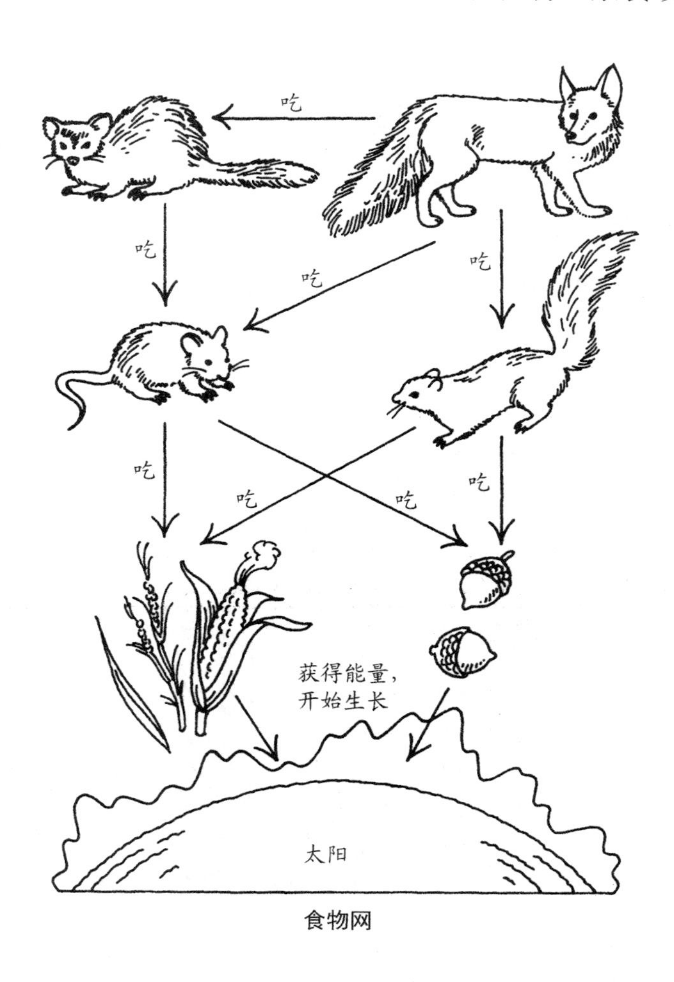

食物网

吃植物也吃动物。这个食物网络构建了一个由地球上各种生物组成的巨大的相互联系的食物网。

去掉食物网中的任何一个环节，都会产生深远的影响。例如，如果农夫杀死很多狐狸，就会改变这片区域树木生长的数量。因为没有了狐狸吃松鼠，更多的松鼠会吃掉树上的坚果。坚果里面包裹着树木的种子，因为坚果都被吃掉了，就没有新的树木生长了。

练习题

1. 食物链中，每个级别的生物的数量都不同。根据柱状图回答下面的问题：

a. 食物链中哪一个级别的生物数量最多？

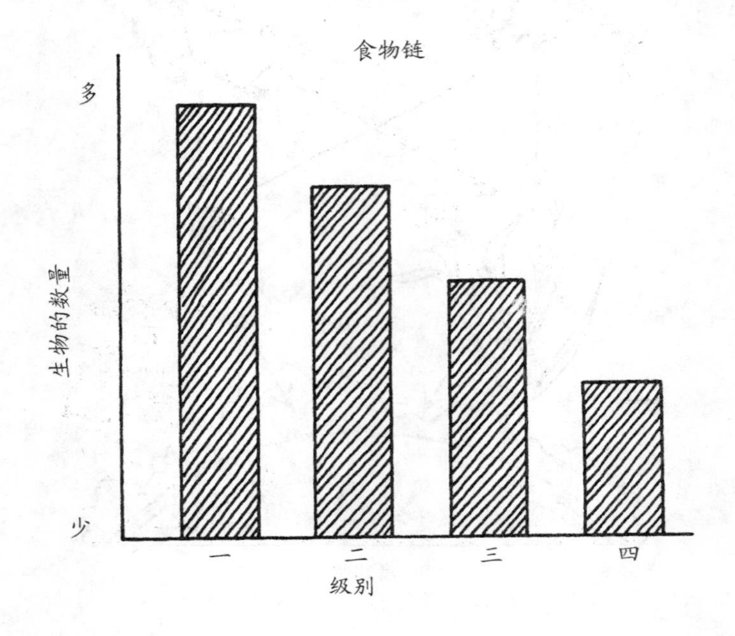

b. 食物链中哪一个级别的生物数量最少？

2. 角锥体 A、B，哪一个正确地代表了食物链上每个级别的生物数量？

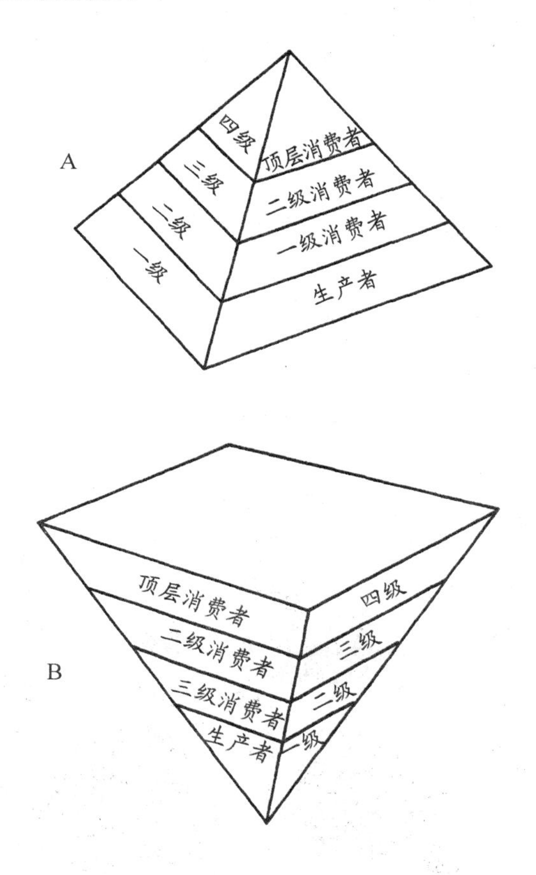

小实验　食物链模型

实验目的

了解食物链的能量传送过程。

你会用到

一把制图圆规，一张打印纸，一把剪刀，一支铅笔，一张45×20(厘米)的深色硬纸板(例如红色或蓝色)，一把直尺，一枚角钉，一卷透明胶，一名成年人助手。

实验步骤

1. 用圆规在纸上画一个直径为17.5厘米的圆。
2. 剪下这个圆。
3. 把圆分成3等份，并如下图所示分别画上动物、植物、细菌和标识。这个圆称作食物链轮。

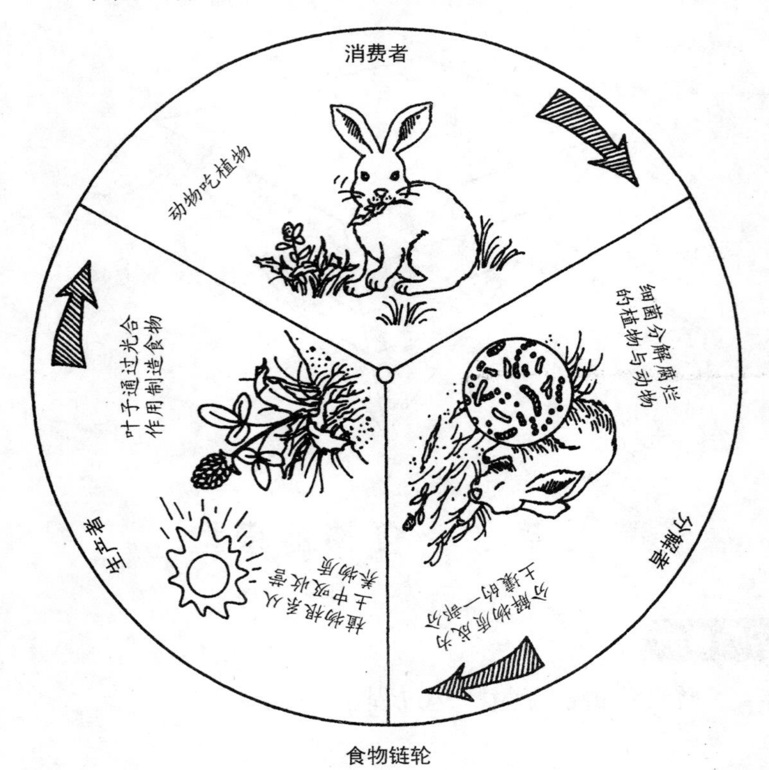

食物链轮

❹ 如下图所示，在硬纸板上量出并标出折线。

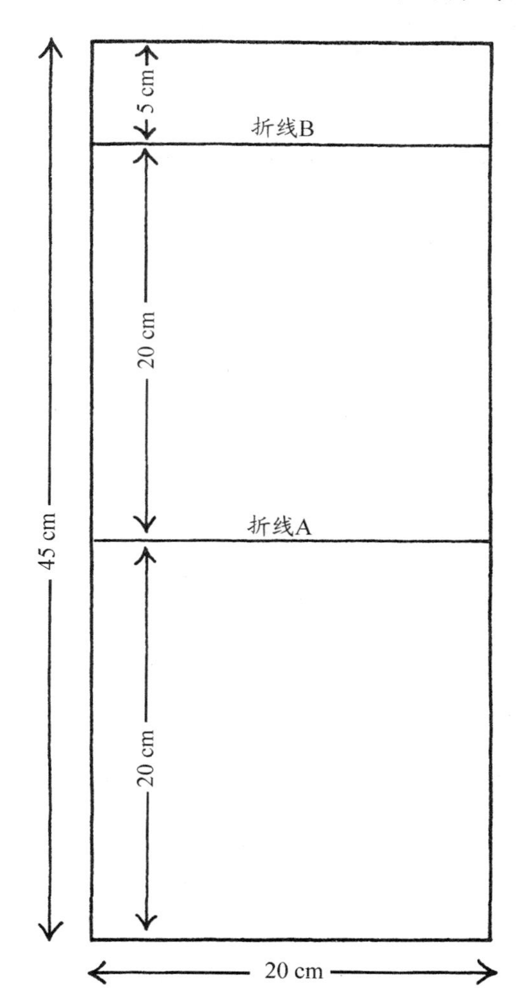

❺ 沿着折线 A 折叠硬纸板。硬纸板的长边称作前边。

❻ 如下页图中所示，在硬纸板的前面，在距离短边 15 厘米、长边 10 厘米处，标注一个点。

❼ 沿着折线画一个三角形，从距离每条长边 2.5 厘米处

开始，向上到距离中心点 0.6 厘米处。

❽ 从硬纸板的折叠处，剪下三角形。

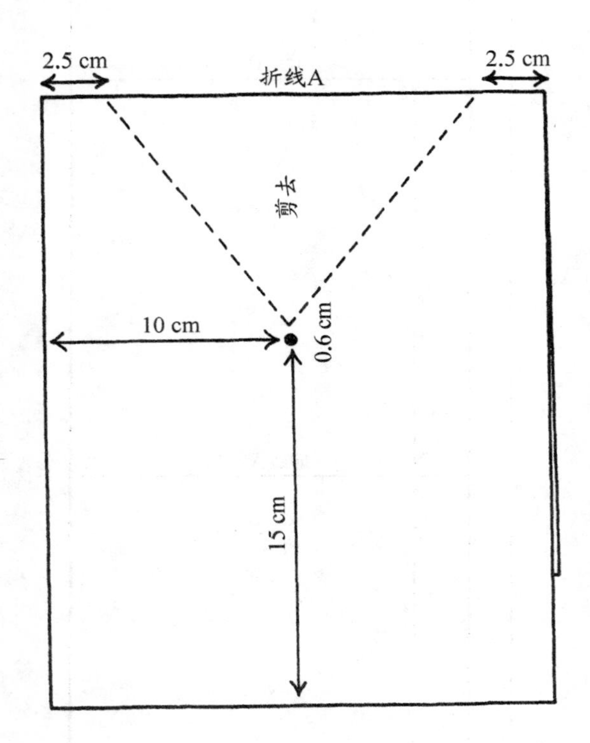

❾ 让助手用圆规在食物链轮的中心戳一个洞，要穿过硬纸板的中心点。确保这个洞穿过硬纸板的 2 层折叠处。

❿ 把食物链轮插入硬纸板的 2 层之间，使图片对着硬纸板的前面。

⓫ 把角钉插入穿过 3 层的洞里，并确保它位于硬纸板的后面。

⓬ 沿着折线 B 折叠硬纸板，并用透明胶粘牢。

⑬ 把硬纸板的前面对着你。

⑭ 把食物链轮逆时针方向转动。

⑮ 在三角形状的窗中，观察图片的转动顺序。

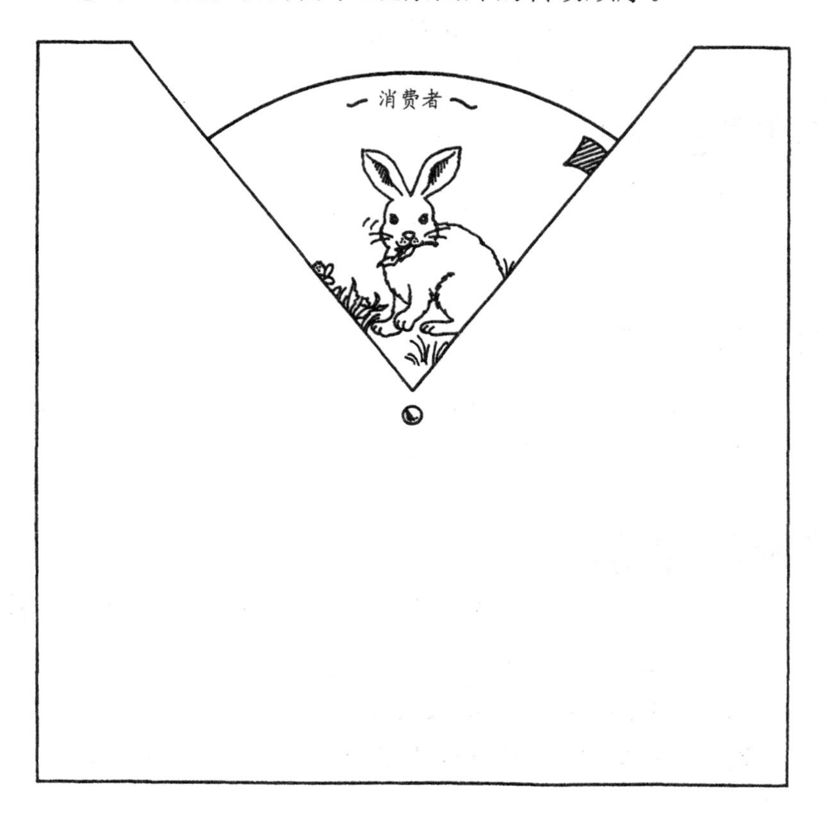

实验结果

一个表现食物链中能量传送的模型就制成了。

实验揭秘

每一次在窗口都能看到食物链的一部分。当轮子转动时，食物链的下一个级别就显示出来。你可以看到从生产者到消费者再到分解者，然后又回到生产者的能量传送过程。

练习题参考答案

1a. 解题思路

图中哪一个级别的柱状图最高？

答：第 1 个级别有最多的生物。

1b. 解题思路

图中哪一个级别的柱状图最短？

答：第 4 个级别的生物最少。

2. 解题思路

（1）食物链第 1 个级别中的生物数量最大，而最高的级别却是生物数量最少的。

（2）角锥体的底部是最大的部分，顶点是最小的部分。

答：角锥体 A 正确地代表了食物链中每个级别的生物数量。

杂草有何作用

常识须知

杂草通常被认为是生长在不合适的地方的植物。核桃树生长在橘林中，如果只想要橘树，那么核桃树就是杂草。如果玫瑰生长在麦田里，玫瑰就被认为是杂草。但是当玫瑰长在玫瑰园中，核桃树长在核桃园中时就不是杂草。

多余的植物就是杂草，不管它们生长在什么地方。不能用来观赏的植物有时也被认为是杂草。大多数的杂草到处生长，不需要专门的护理。它们的种子很容易传播，在花园和草地，杂草比精心护理的植物更容易生长。

杂草通常是多余的，人们要花很多时间来除掉它们。据说杂草的好处之一就是它们有时会防止**土壤流失**（土壤被风或水侵蚀），当土地被清理出来筑路或建房子时，尤其如此。杂草在有些区域生长很容易，根部迅速蔓延，这样能保持水土，防止土壤被大雨冲蚀或被风吹起。

练习题

蒲公英、矢车菊、毛茛和其他生长在树林、荒漠和别的自然环境中的开花植物被称为野花。这些开花植物在农民的玉米地里被称作杂草。观察下页的 3 幅图，辨别出哪一幅图里的向日葵是杂草。

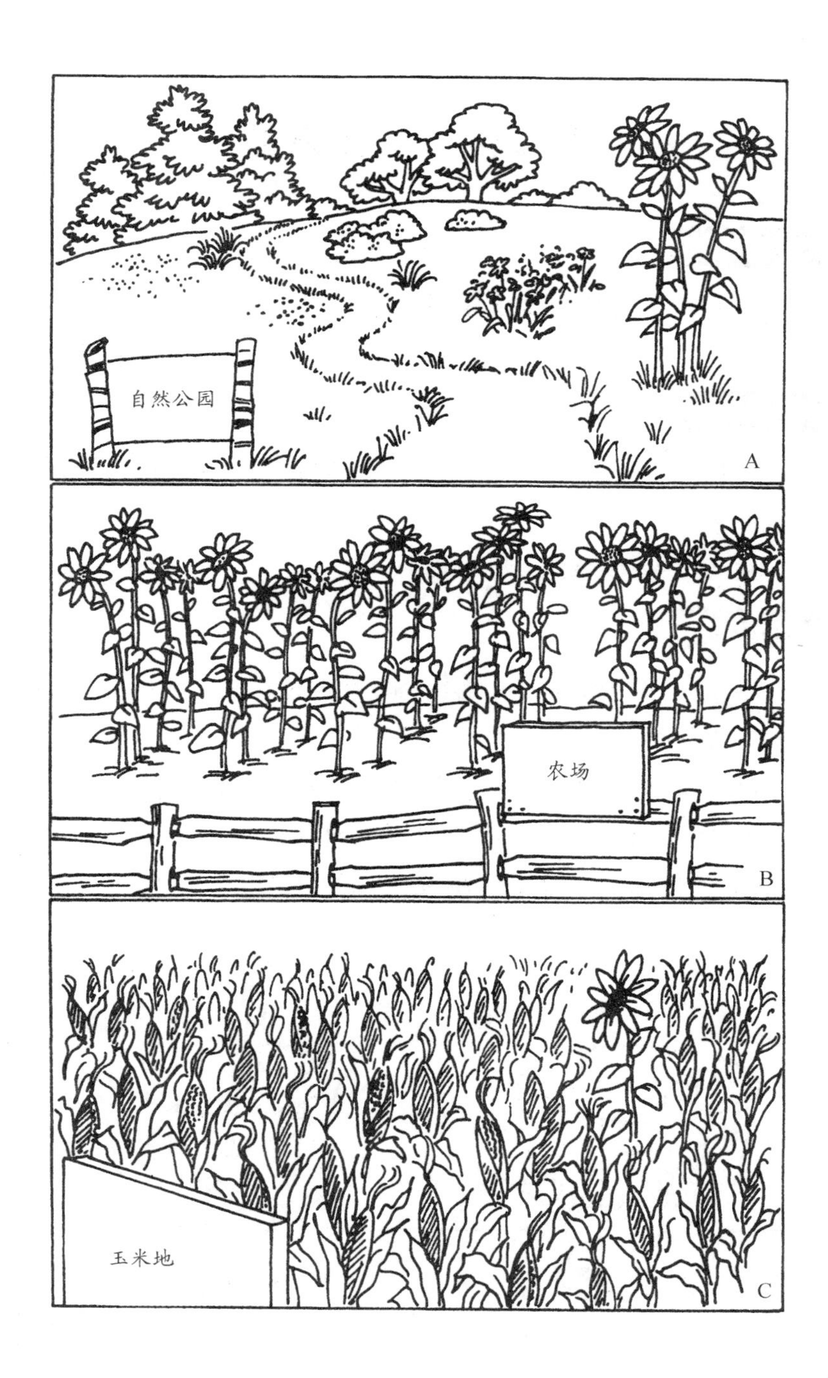
自然公园
A
农场
B
玉米地
C

小实验　水土保持

实验目的

展示杂草怎样有助于保持土壤湿润。

你会用到

一把直尺，一卷覆盖胶带，2 只塑料饮水杯，一支记号笔，一些盆栽土，3 根工艺棒，一些自来水。

实验步骤

❶ 如下图所示，把 5 厘米长的胶带粘在每只杯子的边缘，胶带的一端位于杯子的边缘。

❷ 在距离杯子顶部 1.2 厘米处的胶带上做个记号。

❸ 将土倒入杯子里，直到胶带的底边。

❹ 慢慢前后移动工艺棒，使之插入杯中的土里。

❺ 往每只杯子里注水到记号处，1 分钟后标出高度。

实验结果

插有工艺棒的杯中，水的高度比没有工艺棒的杯中水的高度要低。

实验揭秘

当将水注入插有工艺棒的杯中，水就流入工艺棒在土壤中的开口里。杂草的根，或者所有植物的根，就像插入杯中的工艺棒，当它们在土壤里来回移动时，会产生小的缝隙。这就使雨水流入缝隙，渗透入土壤里，而不是在表面横流。渗透入土壤里的水能被杂草和其他植物吸收。

练习题参考答案

解题思路

(1) 在自然公园，开花植物例如向日葵，被认为是野花。

(2) 向日葵生长在农场，它的种子——葵花籽可以供人们食用。它们就不是野花或野草。

(3) 当向日葵生长在不需要它们的地方时，例如在玉米地，它们就是杂草。

答： 图 C 中的向日葵就是杂草。

7 氧循环

常识须知

所有的生物都生活在地球的生物圈内。生物圈从地表上扩展到地表下。除了来自太阳的能源外，生物需要的一切，都是由这一层的地球资源提供的。

如果大气中的气体(环绕地球的大气层)、水和其他对生命很重要的能源都是一次性的，它们很快就会被用完。这些能源能够被生物循环利用很多年，是因为它们能再循环(再次使用)。动植物在大气中再循环能源的过程称作**呼吸作用**。通过呼吸作用，动植物吸入氧气(呼吸作用必需的气体)，排放出二氧化碳。呼吸作用始终发生在动植物身上。光合作用，是绿色植物吸收阳光的能量，同化二氧化碳和水，制造有机物质并释放氧气的过程，只发生在植物身上。光合作用是一个双相的过程。光合作用的光反应需要光，所以只局限在白天或者人造光中。光合作用的暗反应则发生在没有光的条件下。

植物释放的气体被动物所吸收，动物释放的气体又被植物所吸收。这种气体的循环称作**氧循环**，因为氧气或包含氧气的气体会在动植物之间相互转换。这种氧气的再利用，意味着你可能呼吸着恐龙在几百万年前呼吸的相同的氧气。

练习题

1. 下面的 4 幅图中，哪一幅图描述了下面的过程：

a. 光合作用的光反应；

b. 呼吸作用。

2. 下图有 4 个箭头，但是只有 2 个箭头正确地描述了氧循环。辨别出这 2 个箭头。

小实验　观察植物

实验目的

了解植物怎样生存。

你会用到

一杯(250 毫升)盆栽土，一只带盖子的罐子，一把泥铲，一丛草，一些自来水。

实验步骤

1. 把土倒入罐中。
2. 在允许的情况下，用泥铲挖一丛草，栽入罐中。
3. 用水浇土，但土不要太湿。
4. 盖住罐子。

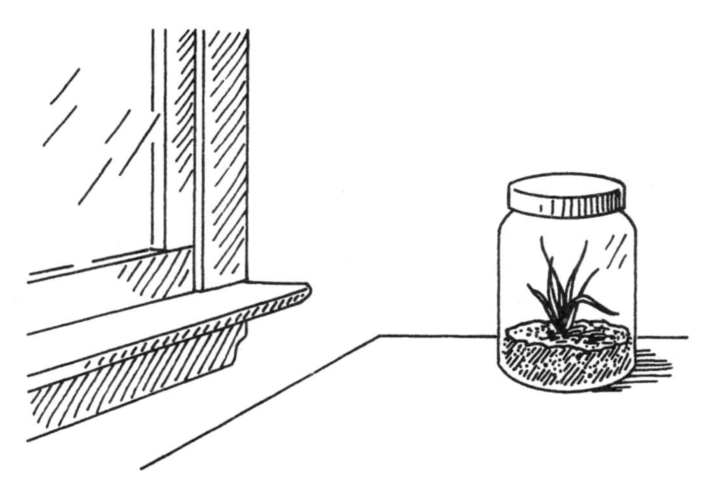

❺ 把罐子放在窗边，避免阳光直射。

❻ 在白天和夜晚，经常观察罐子，持续 2 周。

实验结果

白天，罐子的里面有时会雾蒙蒙的。夜晚和白天有时会有水珠出现在罐子的内侧。

实验揭秘

光合作用是植物中的叶绿素吸收光能，把二氧化碳和水转变成糖分和氧气的过程。糖分被植物用作食物，氧气释放到大气中。光合作用可以总结如下：

$$\text{二氧化碳} + \text{水} \xrightarrow[\text{叶绿素}]{\text{光能}} \text{糖分} + \text{氧气}$$

在呼吸作用的过程中，糖分和氧气结合形成水、二氧化碳和能量。植物的呼吸作用是不需要光的。植物释放水和二氧化碳，能量被植物用来进行生命活动。呼吸作用可以总结如下：

$$\text{糖分} + \text{氧气} \text{——} \text{二氧化碳} + \text{水} + \text{能量}$$

值得注意的是：呼吸作用会产生光合作用所需的二氧化碳和水。罐子内侧的雾和水滴部分是因为植物呼吸作用产生的水。水也会从土壤蒸发（加热后从液体变成气体），然后冷凝（遇冷后从气体变成液体）。导致这个过程的水称作冷凝物，造成了瓶子内部出现水滴和雾气。

瓶子里的草之所以能够生存，是因为植物能制造它们生存所需要的许多物质。植物没有动物也能够生存，但是动物没有植物就生存不了，因为动物不能制造氧气和食物。如果地球上所有的植物都被毁掉了，氧气就会被用光。除非找到另一种方式，能够替代植物产生的氧气和食物，否则所有的动物都会死去。

练习题参考答案

1a. 解题思路

（1）当植物处于光的照射下，就会产生光合作用的光反应。

（2）在光合作用的光反应中，植物吸收二氧化碳，释放氧气。

答：图 C 代表光合作用的光反应。

1b. 解题思路

（1）不管白天和黑夜，植物和动物都会产生呼吸作用。

（2）在呼吸作用中，植物和动物吸收氧气，释放二氧化碳。

答：图 A 和 D 代表呼吸作用。

2. 解题思路

动物吸入植物释放的氧气。植物吸入动物排放的二氧化碳。

答：箭头 B 和 C 正确地阐述了氧循环。

8 水循环

常识须知

所有活着的生物都需要水。事实上，我们知道，没有水，生命就无法存在。地球生物圈的水可以再循环利用。这种再循环称作**水循环**，是地球和大气之间水的连续运动。

水循环的变化之一就是蒸发——水从液体变成气体状态的水蒸气。游泳后，你站在阳光下，由于蒸发，你潮湿的泳衣和皮肤会很快变干了。如下页图中所示，在水循环图中，水总是从湖泊、小溪和河流中蒸发。

植物的叶片也会通过蒸腾作用把水蒸气释放到大气中。植物的根从土壤中吸收水分，水分蔓延到整棵植物。大部分水分通过蒸腾作用经由植物的叶片蒸发掉。

一旦水蒸气进入大气就会冷却，由于冷凝作用变回到液体。当水蒸气在大气中冷凝后就形成了云。冰汽水瓶子外的水珠就是冷凝的例子。

当云中的水滴足够大时，就形成了降水（水以雨、雪、雨夹雪或冰雹等形式又回到地球），降到开放的水域中和陆地上。降到陆地上的一些水会流入开放的水域，因为水会顺势流入

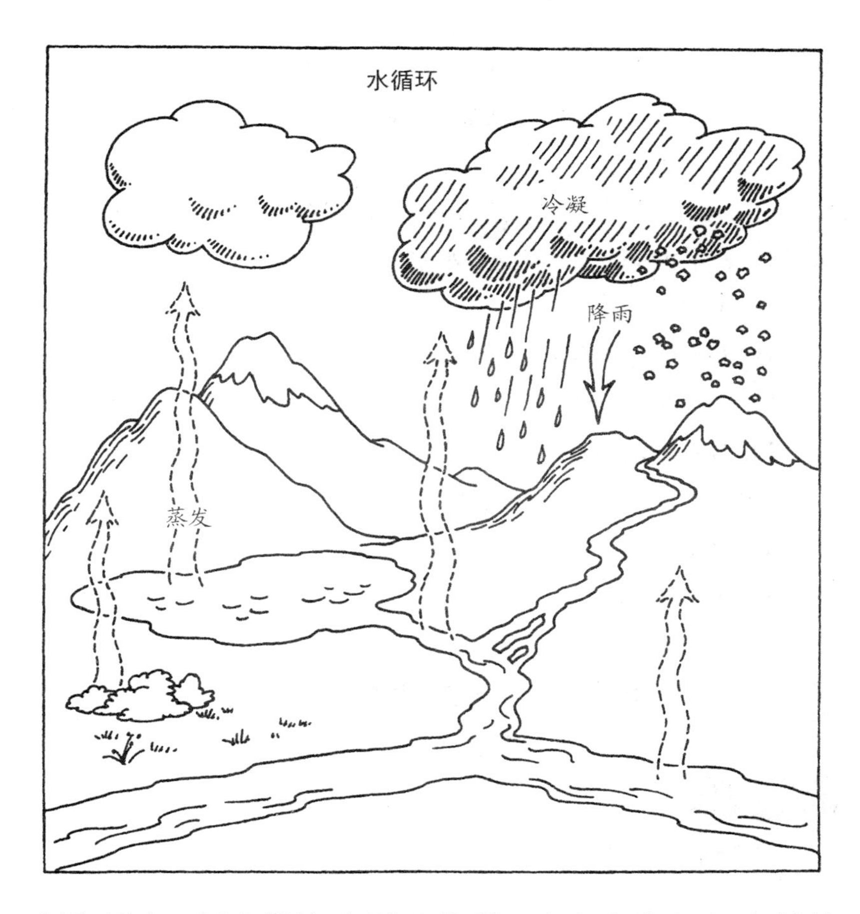

小溪,溪水又汇入湖泊、河流和海洋。水也会渗入地下,被植物吸收、蒸发,或者在地下流入地下水。

在水循环中,水从液体到气体的变化日复一日地继续着。在荒漠中,水分蒸发的数量要比降水的数量大得多。而在热带雨林地区则正好相反。蒸发和返回到地面的水量,各地是不同的。然而,如果从地球整体来考虑,水循环是平衡的。也就是说水永远不会流失,只会从一种形式转化为另一种形式。

练习题

在下面的等式中,"→"表示产生,"S"表示固体或冷冻的水,"L"表示液态水,V表示"水蒸气"。

A. L－能量→S

B. L＋能量→V

C. V－能量→L

D. S＋能量→L

选择代表以下等式的字母:

1. 水的蒸发。

2. 水的冷凝。

小实验　为什么会下雨

实验目的

了解水循环的过程。

你会用到

一些自来水,一把直尺,一只鞋盒大小的透明储物盒,一卷塑料保鲜膜,一些冰块,一只可密封的塑料袋。

实验步骤

❶ 往盒子里倒入2.5厘米高的水。

❷ 用塑料保鲜膜盖住盒子口。

❸ 把冰块放入可密封的塑料袋，然后密封袋口。

❹ 把密封袋放在盖住盒子口的塑料膜中心。

❺ 轻轻地把冰块向下按 2.5 厘米，使塑料膜向中心倾斜。

❻ 把盒子放在窗户附近，让阳光照在盒子上。

❼ 每 20 分钟观察一次冰块下面的塑料膜表面，持续观察 1 小时，直到冰块融化。

实验结果

冰块下面的塑料膜底面上出现了水滴。有些水滴落到了盒子里的水里。

实验揭秘

来自阳光的热量提供了能量，使盒子里的液态水蒸发。水蒸气上升并且在被冰块冷却的塑料膜底面冷凝。随着越来越多的水凝聚在塑料膜上，水滴越来越大，直到它们落入下面的水里。这就是地球上水循环的模型。盒子的底部代表地球表面。塑料膜代表地球的大气。只要盒子是封闭的，盒子里水的数量就是一样的；水只是从一种形式转化为另一种形式。

练习题参考答案

1. 解题思路

水蒸发的等式读作：液态水加上能量产生水蒸气。

答： 公式B表示水的蒸发。

2. 解题思路

水冷凝的等式读作：水蒸气减去能量产生液态水。

答： 公式C表示水的冷凝。

9 适者生存

生物怎样适应环境

生物生活在不同的环境中。当它们满足了食物、住处和安全的需要时，就能生存下来。生存下来的生物说明它们适应了所在的环境。**适应**是指使生物调整以适应一个特殊环境的物理特性或行为。有些动物比如青蛙生活在水中或水的附近，它们脚趾间的皮肤很薄，蹼足能使动物在水里快速地游动。

荒漠地区每年的降水量不足 25 厘米，蒸发量要远远大于降水量。荒漠地区的动植物已经练就了不同的本领来适应了荒漠环境。比如能在荒漠地区生存的骆驼，一次能饮用大量的水。另一种荒漠动物是北美长耳大野兔，它长着一对长耳朵，在耳朵表面有许多血管，可以加速释放身体的热量。

仙人掌上的刺和其他的一些荒漠植物能干扰风的流动，有助于防止植物变干。如果仙人掌上的刺有光泽，它们就会反射掉一些太阳光。即便刺很小，它们的阴影也会对植物有保护作用。一些仙人掌的刺向下，可用来收集小雨或露珠形成的小水滴，它们会掉落到仙人掌下面的土壤里。仙

人掌的茎和叶子通常很厚或呈圆形,可用来防止蒸发太多的水分。

和动物不同,你可以适应任何环境,从冰雪覆盖的冰川到阳光灿烂的热带海滩。这种灵活的适应性,部分是由于你有改变外衣和鞋子的能力。尤其是设计的服装能保持身体的温度,让你更好地适应冰雪的环境,滑雪板使你更容易在雪地行走。在炎热的环境,少而轻的服装能使你身体的热量散发,保持身体凉爽。拖鞋能使你的脚变凉爽,保护脚部并避免接触炎热的地面。

你甚至可以通过打开加热器或空调来控制家里和车里的温度。其他动物似乎没有聪明到为不同的环境制作衣服,也没有能力来研发技术以改变环境。对于所有的动植物而言,只有具备适应环境的特征,才有可能生存下去。

练习题

下面 3 幅图中的生物都被放错了地方。请把每种生物和它最适应的环境进行搭配。

A

B

C

小实验　啄木鸟取食

实验目的

模拟啄木鸟获取食物的特殊适应能力。

你会用到

一块葡萄干酥饼，一只盘子，一支笔，一根圆牙签。

实验步骤

注意： *不要吃实验中的食物。*

1. 把酥饼放在盘子上。
2. 用笔尖挖出一粒葡萄干周围的酥饼粒。
3. 用牙签扎出葡萄干。

实验结果

当笔尖把葡萄干周围的酥饼戳碎时，牙签很容易把葡萄干扎出，你就可以把葡萄干从酥饼中取出了。

实验揭秘

笔代表的是结实的凿子状的啄木鸟的嘴，用来啄出树木里的虫子。牙签表示的是啄木鸟钩状的舌头,用来叼出暴露的虫子。

啄木鸟的嘴和舌头表现了它特殊的生理适应能力。生活在不同环境中的鸟具有特殊的生理适应能力来获取食物。例如,鹈鹕长着大长柄的勺状嘴,能从水里舀出鱼来。鹈鹕不能从树上挖出虫子来吃,啄木鸟也不能从水里舀出鱼来。每一种生物只适应它自己生存的环境。

练习题参考答案

解题思路

鱼有鳃,可以在水底呼吸。

答: 生物 1 最适应的环境是图 C。

解题思路

仙人掌不需要很多水。

答: 生物 2 最适应的环境是图 A。

解题思路

猴子的尾巴有助于它们在树木间穿行。

答: 生物 3 最适应的环境是图 B。

分界线
——了解生态系统和生物圈

常识须知

生态系统是生物群落及其地理环境相互作用的自然系统。例如森林、草原、湖泊、农田等。最大的生态系统是生物圈。生物群落包括生态系统内的所有生物。这些生物和非生物环境也相互作用。非生物环境包括诸如阳光、土壤、水分、营养、温度等。两个或两个以上的群落交界的区域称作**群落交错区**。在这个区域内，可能有来自几个生态系统的动植物。

一个地区的气候（一段时期内的天气状况）决定了生长在这一地区的植物。覆盖一个大的地理区域的生态系统称作**生物群域**。每个生物群域是由植物群（某一地区的所有植物）和动物群（某一地区的所有动物）来划分的。地球包含陆地和水域。陆地生物群域由5个主要的植物种类构成。

1. **苔原：** 主要分布在冬长夏短的北极地区。草、苔藓、地衣、低矮的灌木和一些开花植物生长于此。
2. **森林：** 这里雨水丰沛，生长着大片枝繁叶茂、遮天蔽日的树木。树是最常见的植被。

3. **草原**：主要的植被是草。热带草原上生长的树木很少或很分散。在特别干燥的地区，草是以草丛的形式生长的，草丛之间是光秃的土地。在潮湿的地区，草会高达1～2米。

4. **荒漠**：荒漠是指年降水量不足25厘米的生物群落区。一些荒漠地区很少或没有植被，而有的荒漠地区只有一些低矮的树木（小树、灌木）和零星的草地。荒漠里的植物对气候有不同的适应方式。例如，仙人掌能储水很长时间；有些植物一直以种子形式存在，一旦降下足够的雨水，便能在极短的时间内萌芽、开花、结果。

5. **山地**：海拔不同，山地的植被也各异。一座高山的山脚可能是荒漠，向上会有森林，然后会出现草地，最后山顶会出现苔原。

水生生物群域包括生长在河流、湖泊里或周围的淡水生物，也包括生长在海洋里或周边的咸水生物。海洋构成了最大的水生生物群域，因为它们彼此相连。

所有的生态系统构成了地球的生物圈。生物圈覆盖了地球的整个表面和生命存在的部分。生物圈的范围包含海平面（海洋的水平面）以上绵延近9 000米，向下绵延450米的区域。地球是目前所知唯一有生物圈的星球。

陆地生物群域

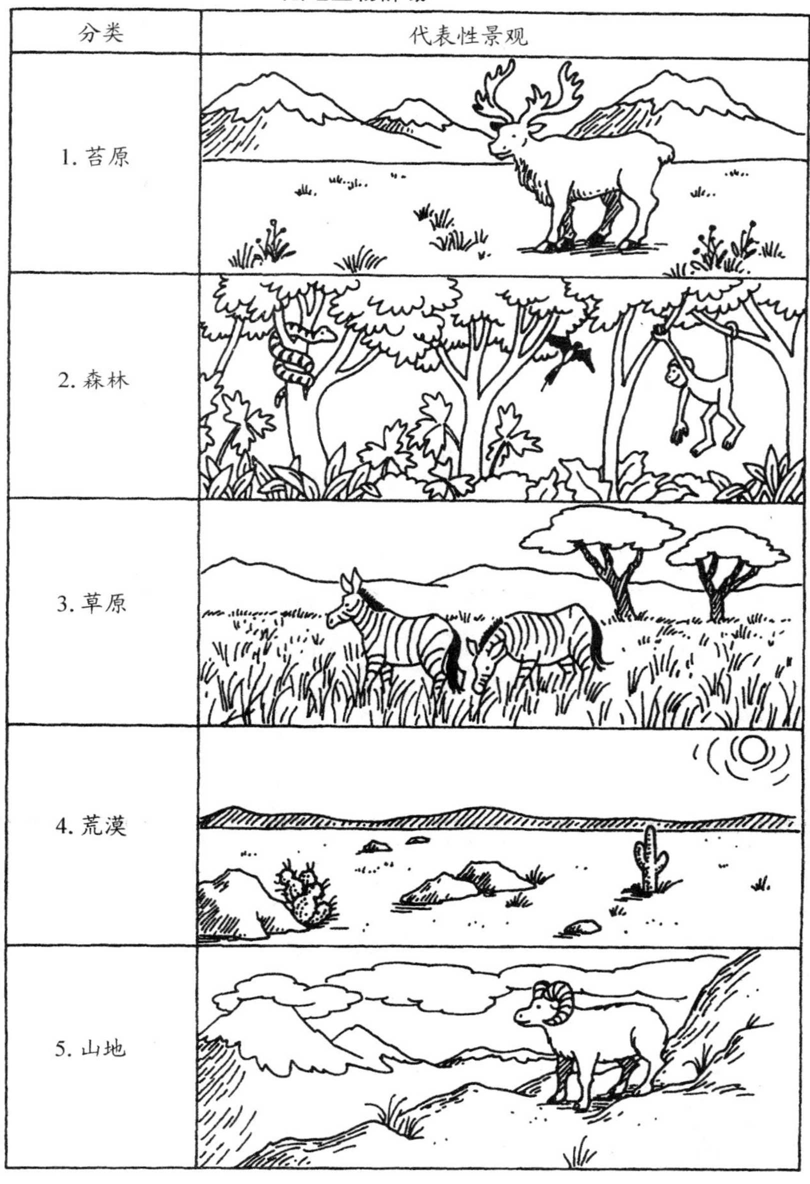

分类	代表性景观
1. 苔原	
2. 森林	
3. 草原	
4. 荒漠	
5. 山地	

练习题

1. 利用澳大利亚的生物群域地图，判断以下生物圈类型的位置：

a．荒漠；

b．森林。

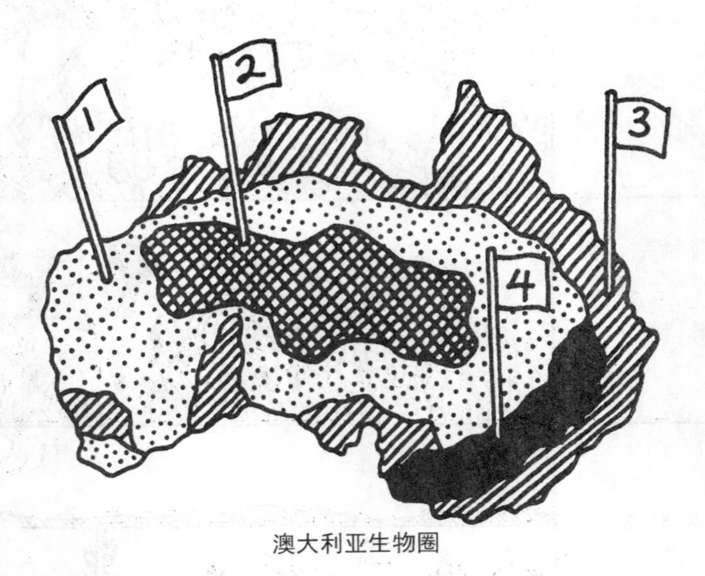

澳大利亚生物圈

图例

很少或没有植被

草类植物

阔叶林

针阔混交林

2. 把每个生物群域和对应的字母搭配。

a. 森林；

b. 草原；

c. 荒漠。

小实验　样方调查

实验目的

研究生态系统的样方调查法。

你会用到

一把卷尺，9 支削尖的铅笔，一根 21 米长的绳子，一张绘图纸，一支记号笔，一枚指南针，一支温度计。

实验步骤

1. 选择一个有各种植物的研究区域，可以是森林、一片空地或者家周围的院子。
2. 用卷尺测量出一片 3×3（米）的正方形区域作为样方（即方形样地）。
3. 在样方的四角，分别插入一根铅笔，使铅笔露出地面约 12 厘米。
4. 用卷尺把样方的每一条边对半等分成 1.5 米长。
5. 沿着样方的所有内边，在每间隔 1.5 米的地方插入铅笔。在样方的中间也插入一根铅笔。
6. 用绳子连接相邻的铅笔，把样方分成四等份。
7. 在绘图纸上画出这块样方的草图，把每一部分进行编号，用箭头在图上标出方向（东、南、西、北）。
8. 将每一小块样方画一张草图。标出一些具有显著特点的数字和尺寸，例如岩石、树木、小路、空地、动物等。

❾ 用温度计测量每一小块样方不同位置的温度。

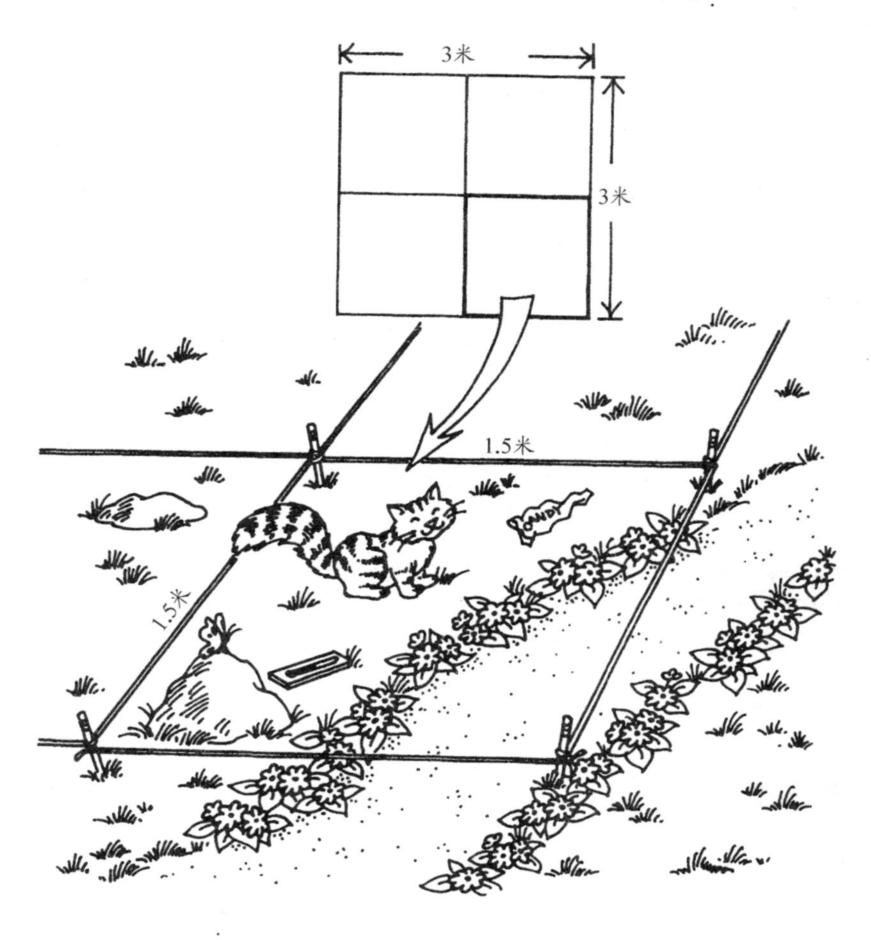

实验结果

选择一块样方，测量并细分后，把它作为生态系统的样本。在每一小块样方里，标示出一些具有显著特点的数字和尺寸。

实验揭秘

小块样方可以让你研究生物的特点（植物、动物等）和非生物特征（土壤、岩石、废弃物、温度等）。在这个研究中，可以获得非生物和生物特征的数字和尺寸。当作为整体研究时，每一小块样方的独立信息，提供了样方里生态群落（生物和环境的相互作用）的清晰画面。这些信息为你研究周围生态系统提供了线索。然而，为了获取更有效的信息，你必须像生态学家一样，在同一个生态系统内，从不同地点随意选择一些样方进行研究。

练习题参考答案

1a. 解题思路

荒漠里很少或几乎没有植被。

答：2 是荒漠。

1b. 解题思路

森林里有树木。

答：3 和 4 是森林。

2a. 解题思路

森林的主要特点是有大量的树木。

答：图 B 是森林。

2b. 解题思路

草原的主要特征是长满草。

答： 图 A 是一片草原。

2c. 解题思路

荒漠里几乎没有植被。仙人掌是荒漠植物。

答： 图 C 是荒漠。

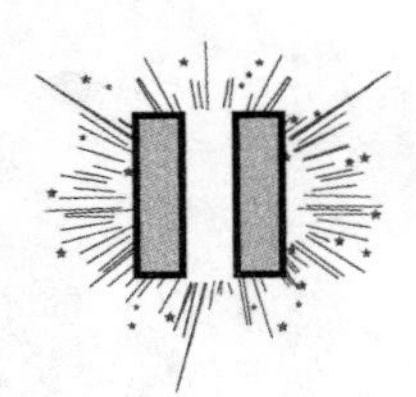

极地和冻土带的生物

常识须知

地球被赤道分为两个半球。赤道以北的地区称作北半球,赤道以南的地区称作南半球。北极圈是位于北半球北极地区的边界。南极圈是位于南半球南极地区的边界。

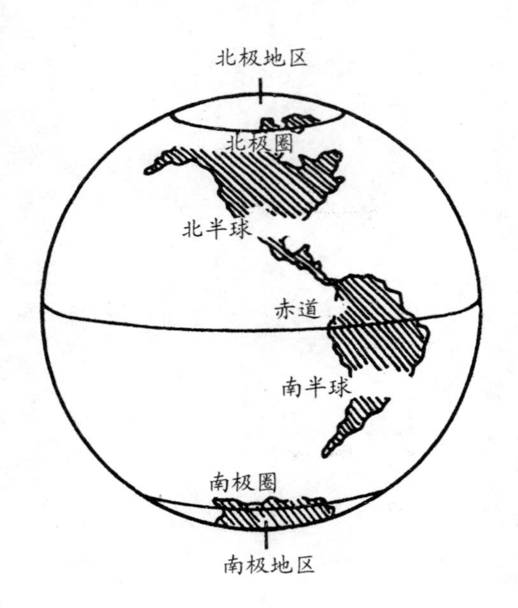

在极地地区，天气寒冷，陆地和水域常年被冰覆盖。寒冷的气候使大多数植物都不能生存，然而，研究人员还是在南极找到了一些苔藓和地衣。

冻土带的生物圈大部分位于北极圈的北部，这里的冬天漫长，只有夏天会有一段短暂的生长季节。冻土带的土壤大部分都处于冰冻状态，但是融化的冰水提供了植物生长所需的水分。在这种恶劣的环境中，没有高大的植物生长，只有草、地衣、苔藓、低矮的树木和一些开花的植物生存。因为这些低矮的植物接近地面，可以抵抗来自极地地区的强风袭击。冻土带的一个重要特征是**永久冻土层**（地下永久的冻土层）。在温暖的季节，土壤的表层融化，但是下面的土壤依然冻结。

在表层土壤冻结之前，植物能迅速度过生长期并结果。有些植物从种子到发芽、生长、开花、结出种子只需要 40 天。

冻土带的动物会冬眠（以一种部分或完全不活动的睡眠状态度过冬天），或迁徙（从一个地方迁到另一个地方），或生活在皑皑白雪之下。这里的动物有驯鹿、狐狸、兔子、旅鼠、麝香牛和狼。在短暂的夏季，很多鸟会飞到这里繁殖，鸟类在其他季节则迁徙到温暖的地区。

练习题

1. 研究下图，回答问题：

a. 冻土带最大的地区在哪里？

b. 冰雪覆盖面积最大的地区在哪里？

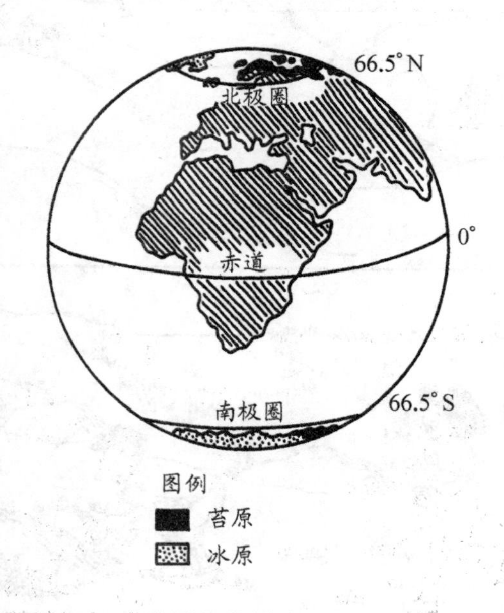

2. 下面哪一幅图代表的是冻土带的植被？

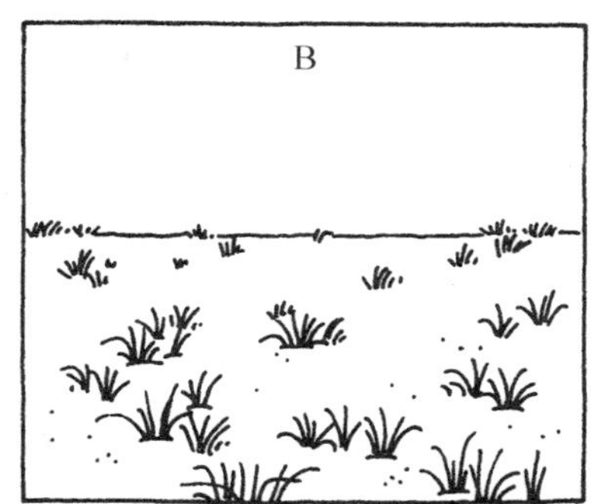

小实验　极地动物如何御寒

实验目的

了解皮毛怎样有助于动物御寒。

你会用到

5～6 个冰块，一只大碗，一些自来水，一支温度计，一张纸巾，一副毛线手套，一只塑料袋。

实验步骤

1. 把冰块放在碗里，然后碗里倒满水。
2. 把温度计放在房间里 10 分钟后，记录下房间里的温度。
3. 用手握住温度计，大拇指放在温度计的球部。
4. 用大拇指轻按温度计的球部 5 秒钟。

注意：*不要用力按压，否则玻璃球部会破裂。*

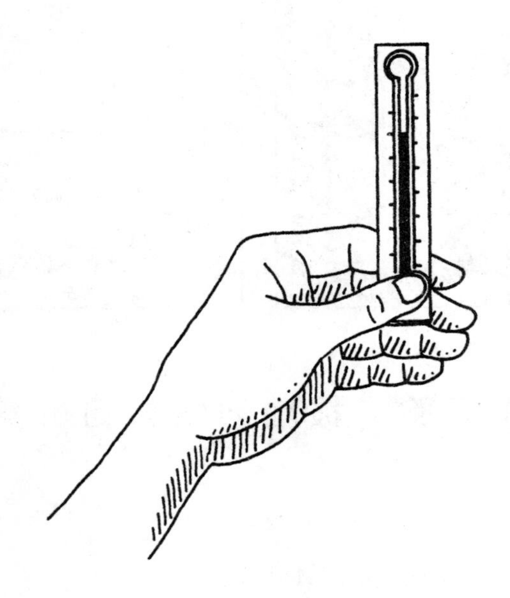

❺ 当你按住球部的时候，观察温度计上温度的变化。

❻ 把同一只手放在冰水里 5 秒钟。

❼ 用纸巾擦干手。迅速用冰冷的手握住温度计，把大拇指再次放在球部 5 秒钟。

❽ 观察温度计上温度的变化。

❾ 带上毛线手套重复步骤 3～6。在做步骤 6 时，把戴手套的手放入塑料袋里，防止手套弄湿。

❿ 从手上摘下袋子和手套，马上用手握住温度计，用大拇指按住球部 5 秒钟。

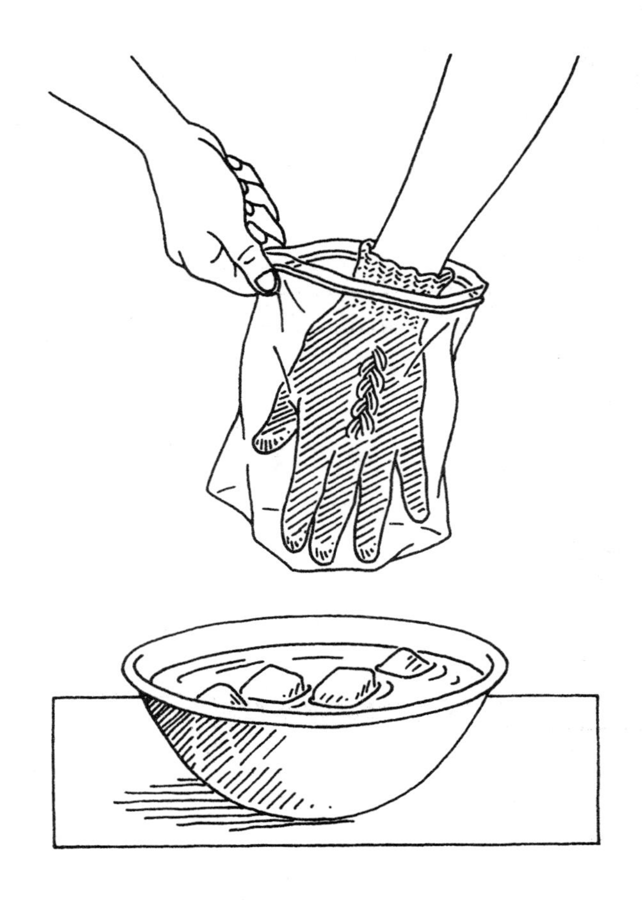

实验结果

在正常体温下，用手握住温度计时，温度计的温度是上升的。当冰冷的手按住球部时，温度计的温度是下降的。戴手套的手比不戴手套的手要温暖。

实验揭秘

热能从暖的物体向冷的物体传导。温度计表明一个物体是放热还是吸热。在实验刚开始时，大拇指处于正常的体温，温度大约是37℃。身体的温度通常高于室内的温度，所以当你手按球部时，温度计的温度是上升的。温度计的温度下降表明，手放在冰水中，皮肤失去了热量后，会比正常体温要低。毛线手套起到了绝缘体（不容易获取或失去热量的材料）的作用，能防止热量流失到冷水中。绝缘手套能保持手的热量，就像动物的皮毛能保持体温一样。

练习题参考答案

1a. 解题思路

地图上冻土带的标志是什么？

黑色区域。

答：冻土带最大的区域是在北极圈内。

1b. 解题思路

地图上冰封的陆地的标志是什么？

虚点区域。

答：冰封的陆地最大的区域是在南极圈内以下。

2. 解题思路

在冻土带没有高大的树木。

答：图B表示在冻土带可能会看到的植被。

森林中的生物

常识须知

森林有3种基本类型：针叶林、落叶林和热带雨林。**针叶林**由针叶树种组成，特点是树叶是针叶而不是阔叶，大多数的针叶树是**常绿树**(植物的针叶全年都是绿色的)。针叶树生长在冬季寒冷漫长，降水量很少的地区。例如，在北美洲、欧洲、亚洲的**北部**和全世界的山区。这些森林在北半球形成一条冻土带。针叶林有时又称北方针叶林。

落叶林是指落叶植物，这种植物一年落一次叶子，通常生长在温度适宜，常年雨量丰富的地区。这些森林分布在欧洲的大部分国家、亚洲和北美洲。

热带雨林位于南回归线(23.5°S)和北回归线(23.5°N)之间。大部分热带雨林地区一年中的温度变化不大，平均温度在21～29℃。温暖的气候和一年超过200厘米的降水量，使雨林地区非常潮湿。这种温暖潮湿的环境使许多动植物生长于此。

由于气候不同，森林里的生物也各种各样，但是所有的森林又都是类似的，很多群落组成一个大的群落。森林是由不

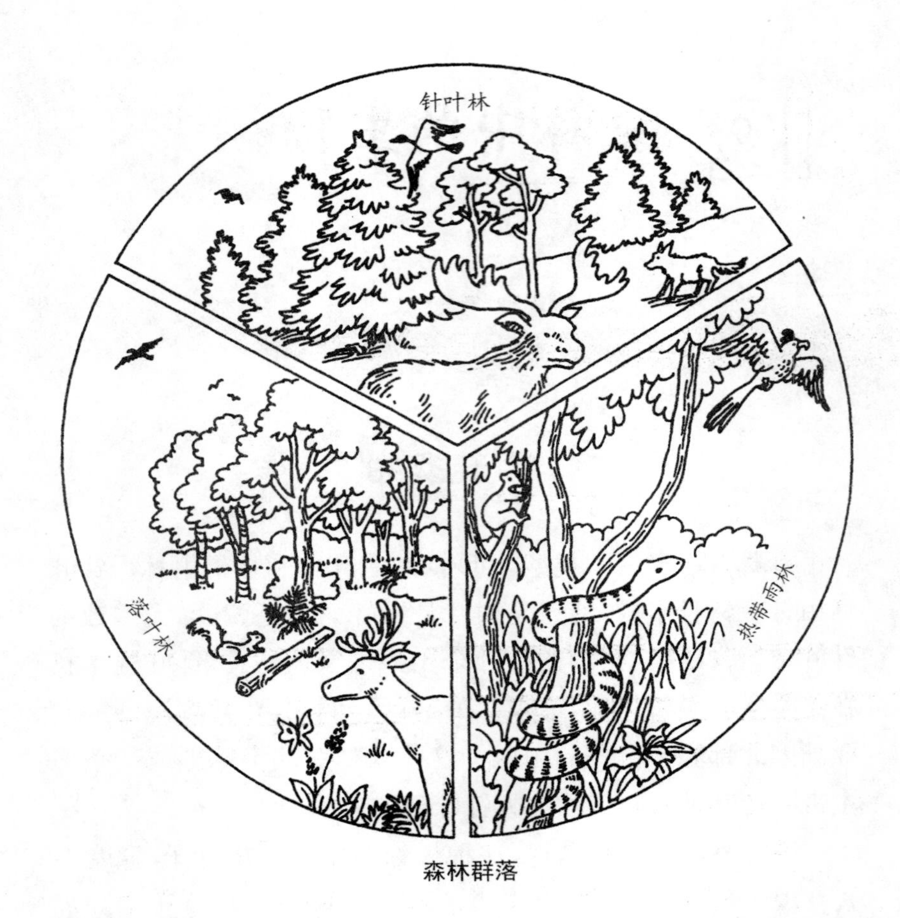

森林群落

同层次构成的，层次的数量取决于气候、土壤、年代和其他因素（例如树木是否被砍伐用作木材）。森林分为 6 个基本层次：

1. **露生层：** 是最高树木的顶部，可能高达 10 米或比森林里的其他树都要高。因为这些树高于其他的树木，它们要忍受温度的变化和大风的侵袭。
2. **树冠层：** 这是森林的屋顶。树枝和叶子交错形成了一个盖子，阻碍了阳光照射到低矮的植物上。

3. **幼树层**：位于树冠层以下的低矮树木。这些树木已经适应了生长在树荫下，一直很矮小，但是有一些会取代死去和倒下的大树。大树倒下后，阳光就能够照射进来，也为其他树木提供了生长的空间。
4. **灌木层**：在幼树层下面的是灌木。灌木比树木矮，通常有许多枝干而没有主干。
5. **草本层**：靠近地表生长的植物，例如，花、草、蕨类植物等。
6. **底层**：森林的最底层。由地衣和苔藓组成，它们生长在倒下的树木、枝条和树叶的残骸上。

森林的每一层都有其独特的动植物群落。动物在森林里建起了自己的家，森林也为它们提供了食物，并且动物的大部分活动都在森林的底层或草本层进行。每种动物都能在某一个特定的层面找到生存所需要的东西。许多底层动物从来没有超过底层以外去生存，而在露生层的鸟可能会俯冲到森林底部找食物，它们通常会把食物带回到露生层的巢里。

练习题

1. 研究下页的图，辨别出这些森林生物生活的区域。
   a. 角雕在最高的树上筑巢，从这里可以警觉地观察它们捕食的猎物。
   b. 枯木里的白蚁（吃木头的昆虫）。

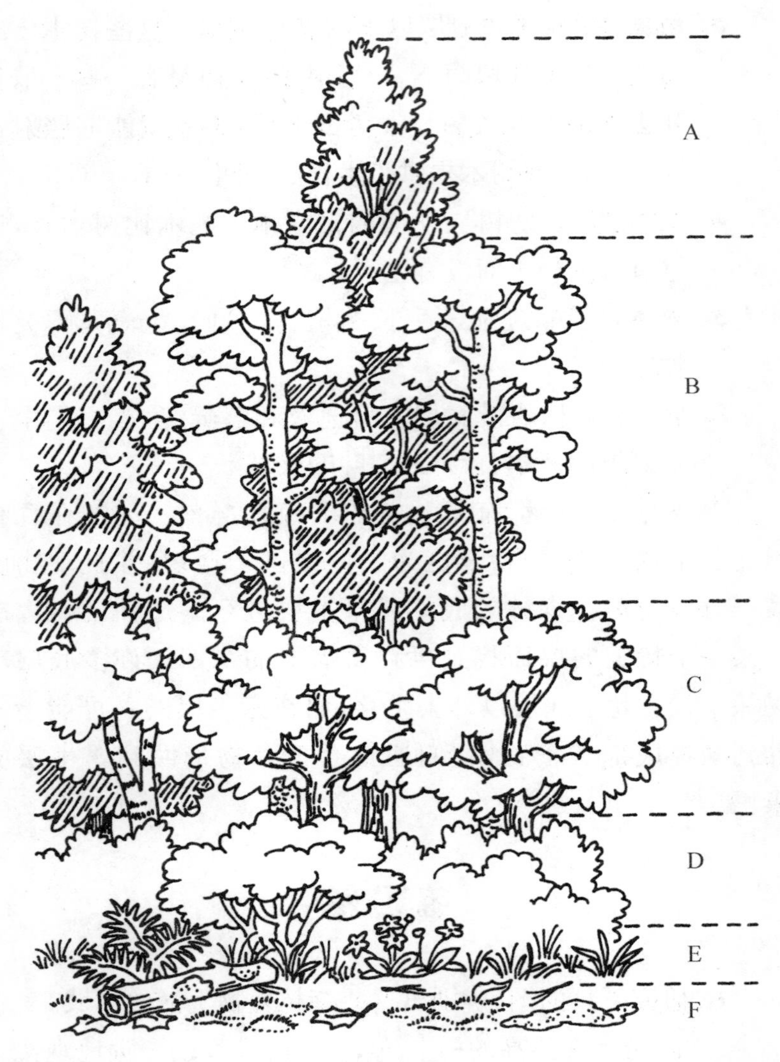

2. 附生植物生长在其他植物上又不伤害它们。它们需要阳光,从雨水和空气中汲取养分。研究上图,辨别在哪里最不可能找到附生植物。

小实验　会滑翔的鼯鼠

实验目的

制作一只鼯鼠模型。

你会用到

一支褐色的蜡笔，一张打印纸，一支黑色的记号笔，一只大纸夹。

实验步骤

❶ 将纸的一面涂上褐色。

❷ 把纸放在桌子上，褐色面向上。

❸ 将纸张纵长对折 2 次。

❹ 展开纸张，放在桌子上，白色面向上。把折线标上 A、B、C。

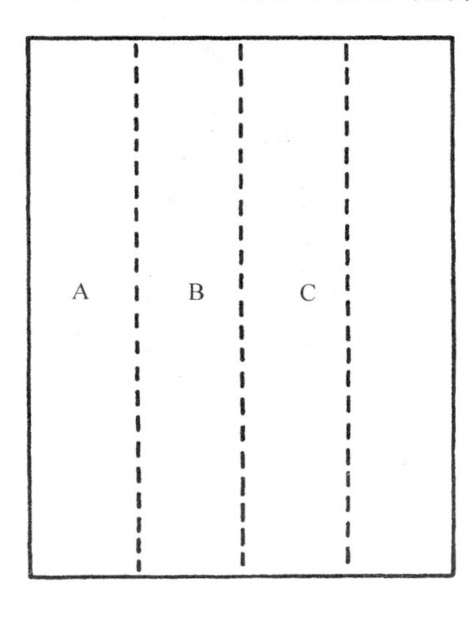

❺ 把纸的上面对折，相交于折线 B 的中点。把折线 B 的终点称作点 D。

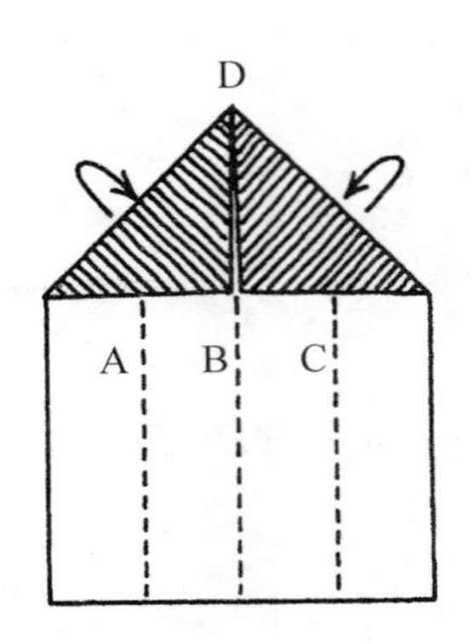

❻ 把纸翻过来，沿着折线 B 再次折叠。将纸放在桌子上，使折线 B 在右侧。

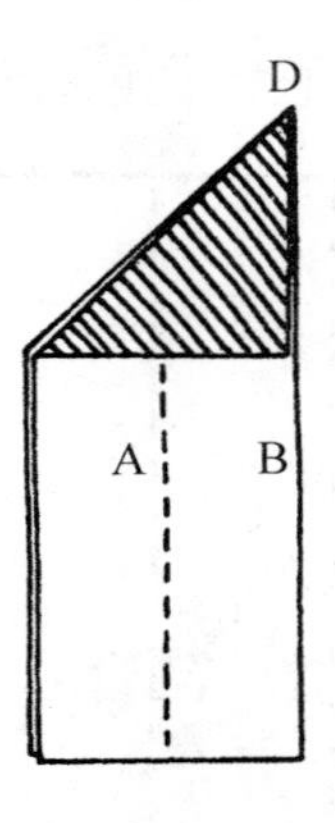

❼ 把点 D 向下折叠，使其交于折线 A。

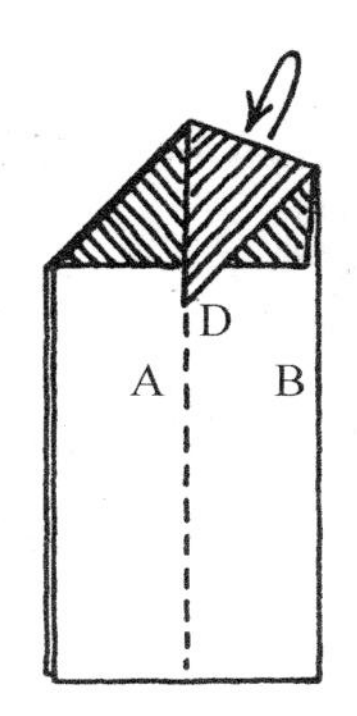

❽ 沿着折线 A，展开纸的前面。如下图所示，用钢笔在纸上画一只鼯鼠。

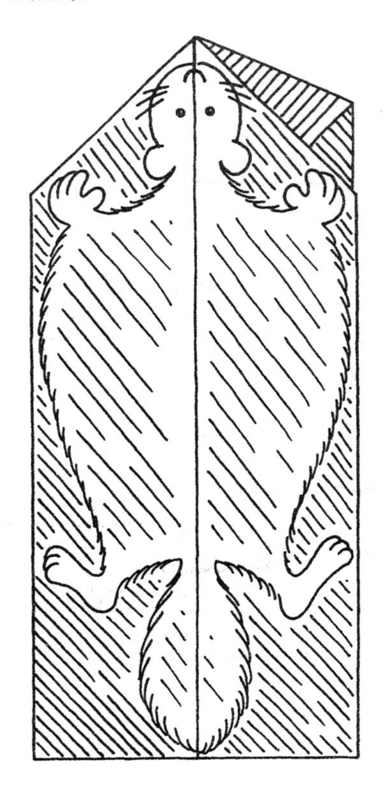

❾ 如下图所示，把纸夹夹在纸的下面。像玩纸飞机一样把纸往前挥。

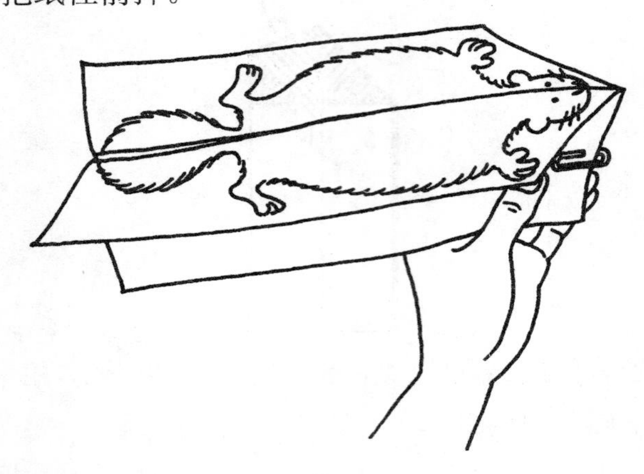

实验结果

这张纸会在空中滑翔。

实验揭秘

纸向前滑行时，空气流过展开的羽翼，使纸上升，滑行。森林中的鼯鼠，就像实验中的纸模型，是在滑翔而不是在飞行。它的前后肢间有宽而多毛的飞膜。当鼯鼠在树枝间跳跃跳时，皮肤张开，像帆一样，有助于滑行。鼯鼠生活在北美洲、欧洲、亚洲和非洲的森林里。

练习题参考答案

1a. 解题思路

最高的树木位于露生层。

答：角雕生活在A层。

1b. 解题思路

大多数枯树都在森林的底部。

答：白蚁最有可能生活在F层。

2. 解题思路

（1）附生植物不是生活在地上。

（2）附生植物需要光，哪一层的阳光最少？

答：附生植物最不可能生长在F层。

13 草原中的生物

常识须知

作为地球的主要生物圈，草原的雨量很少，气候干旱，但没有荒漠那么干燥。草原的年降水量在25～50厘米不等。对大多数树木来说，这种气候太干燥，但是草或禾草类植物却很适应。生长在草原，为数不多的树木和灌木通常长在溪水边或比较潮湿的低地上。

草原是有些起伏的平地。它们位于热带和南温带、北温带地区。热带位于23.5°N和23.5°S之间。北温带是23.5°N到66.5°N之间的地区。南温带是23.5°S到66.5°S之间的地区。温带草原冷热季节明显。冬天寒冷，夏天炎热干燥。热带草原的夏天常年温度很高，很干燥。因为干燥，时而发生的大火会烧毁草原上的树木。而草会在大火过后，再次萌芽生长。因为草的大部分都生长在地下。

全球的草原供养着大量的野生生物，包括许多食草的有蹄类动物，例如，牛羚、瞪羚、黑斑羚、斑马和羚羊。这些动物把草籽踩进土里，用有助于小草生长的粪便肥沃土壤。穴居动物，比如生活在地下的地鼠等啮齿类动物，它们可以逃避捕

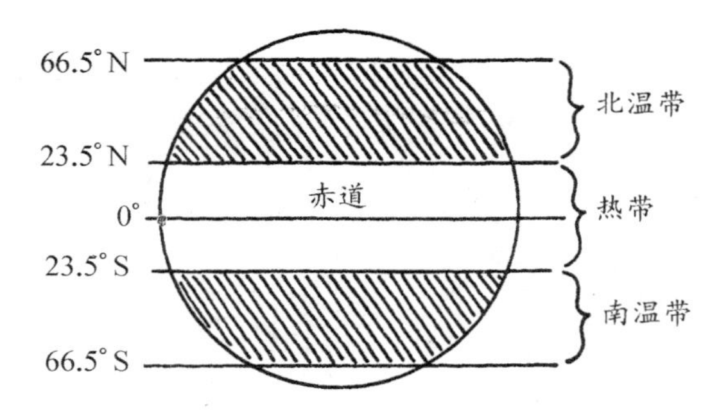

食者和大火。它们的挖掘有助于击碎并混合土壤，有助于土壤汲取水分，使草和其他植物生长。除了食草动物，在草原上还生活着大量的食肉动物。

所有的草原生物适应了明显的干湿季节，包括漫长的干旱季节（降水量特别少的时期）。有些植物在干燥的季节会进入休眠状态，降雨后又继续生长。有些根部很长的植物可以扎根到很深的地方汲水。干燥的季节，大多数动物会为觅食和饮水迁徙到别处，等到雨季到来，大地充满生机时，又会回来。

食草动物指南图

你会用到

一把直尺，一把剪刀，一张打印纸，一支记号笔。

实验步骤

1. 测量下页的热带草原食草动物图，然后剪一张同样长度的纸，但宽度是原图的 2 倍。

热带草原食草动物图

❷ 纵长对折这张纸。

❸ 展开纸，然后横向(从上向下)对折 2 次。

❹ 展开纸后，沿着步骤 3 折出的折线，用直尺和笔在纵长线的左侧画 3 条虚线，在右侧画 3 条实线。

❺ 在下页图中标注 3 部分的序号，如图在折线的右侧画

一棵草。

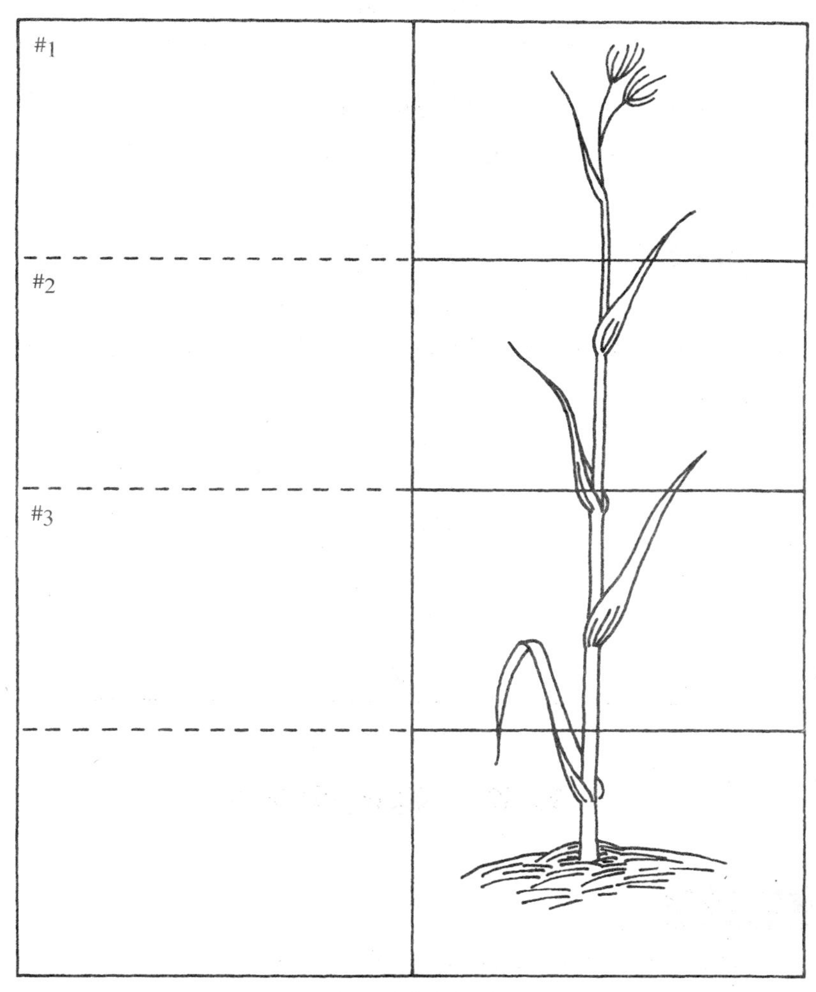

食草动物指南图

❻ 将纸沿着虚线部分剪下，使每一个标号的部分成为一个口盖。

练习题

东非热带草原的食草动物以不同类型的草为食，动物有足够的食物。只有在干燥的季节，动物必须不断迁徙才能找到食物和水。

利用食草动物指南图，把动物和其食用的草搭配。把指南图放在热带草原食草图上，把每一个编号的部分折叠放在植物上。当你知道哪些动物吃哪些植物时，把名称写在动物食物表格里。

食物		
编号	草的食用部位	动物
1	顶部	
2	中部	
3	底部	

小实验　春风吹又生

实验目的

判断草被动物啃食后还能生存的原因。

你会用到

一些盆栽土，一只纸杯，一把小铲子，一丛草，一支铅笔，一只碟子，一些自来水，一把直尺，一支记号笔。

实验步骤

1. 把土壤倒入杯子里。
2. 在得到允许的情况下，用小铲子挖一丛草，放入纸杯中。选择至少有 3 根茎的草，挖时尽量多带些草根。
3. 把草植入杯中的土壤里。
4. 在杯子底部的边缘，用铅笔戳三四个洞。
5. 把杯子放在碟子上。
6. 在实验期间，要洒水使土壤保持湿润，但不要太湿。
7. 用图示确定每一根草茎的茎节（叶子从草茎长出的地方）。
8. 用尺和钢笔在其中一根茎的顶部 2 个茎节之间，标出 3 个相等的部分。
9. 重复步骤 8，分别标出在其他 2 根茎上，第 2 高和第 3 高的茎节之间 3 个相等的部分。
10. 把植物放在全天大部分时间有阳光照射的地方。
11. 7 天后，测量草茎上 2 个茎节之间的距离。

实验结果

在所有的草茎中，在较低的茎节和这个茎节之上的第 1 个标记之间的距离增加最大。随着标记接近比较高的茎节，在剩余的标记之间的距离增加很小或几乎没增加。

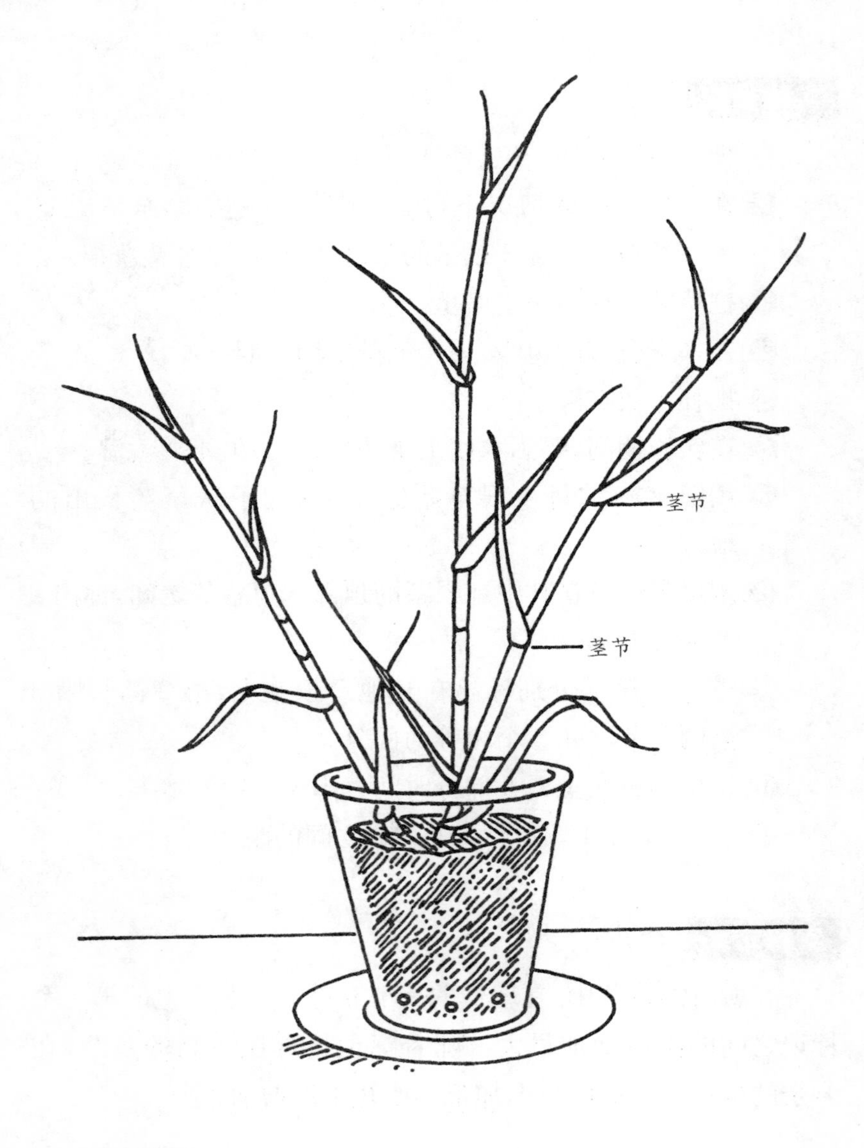

实验揭秘

草是沿着草茎在茎节之上生长的，而不像其他植物是从顶部生长的。即使草茎顶部的大部分没了，比较低的部分也会继续生长。这种生长方式使得草被动物啃咬之后还会继续生长。

练习题参考答案

1. 解题思路

在口盖 1 的下方是一匹斑马。

答：斑马吃草茎的顶部。

2. 解题思路

在口盖 2 的下方是牛羚。

答：野牛吃草茎的中部。

3. 解题思路

在口盖 3 的下方是汤姆森瞪羚。

答：汤姆森瞪羚吃草茎的底部。

荒漠中的生物

常识须知

人们通常认为荒漠又热又干，没有生命。虽然荒漠是地球上最热的地方，但并不是所有的荒漠都热。有些荒漠，像蒙古的戈壁荒漠和美国西部大盆地荒漠，一年中的大部分时间都被雪覆盖着。按照温度，荒漠分为两类：**冷荒漠**（一年中大部分时间白天温度低于冰点的荒漠）和**热荒漠**（一年中大部分时间白天温度很高的荒漠）。

荒漠通过蒸发失去的水分比降雨多。一个地区的年降水量少于 25 厘米就被认为是荒漠。大多数荒漠年降水量不足 10 厘米。极地的冰帽就是冷荒漠的典型，那里的年降水量不足 5 厘米。

荒漠地区不仅降雨少，而且常年降水不均匀。有些荒漠，全年都没有降水，然后会有一次降水量 12.5 厘米或以上的暴风雨降临。在动植物汲取水分之前，大部分雨水会流失或蒸发掉。年降水量超过 25 厘米，但是蒸发的速度远远高于年降水量的地区也被看作是荒漠。高温和大风都会加快蒸发的速度。

认为所有的荒漠都是没有生命的荒地的想法是不对的。有些荒漠地区比潮湿地区的动植物种类多。这些生物有特殊的适应能力，它们可以从食物中储存或获取水分。许多植物的生命很短暂，只是在短暂的雨季或者在冷荒漠里冰雪融化的短暂的夏季里生长。在炎热的荒漠，许多荒漠植物的叶子和茎都有一层厚厚的蜡状涂层，以防止水分流失。

所有的植物都是通过叶子表面的小气孔流失水分的。这些气孔能够张开闭合来吸收和释放水蒸气。许多荒漠植物的气孔很少，在太阳落山、温度下降时，有些植物会张开气孔蒸发少量的水分。有些荒漠植物叶子很少或没有。荒漠植物的叶子或卷曲或背向太阳，这样白天温度高时就能避免叶子表面暴露在阳光下。

荒漠动物通过多种方式来获取水分。小动物可以从它们吃的食物中获取水分。例如，驮鼠吃茎叶肥厚的植物（有肥厚鲜嫩的叶子或茎来储水的植物），如仙人掌。大一些的动物从食物中获取水分，但是许多动物必须四处寻找水源。有些动物**夏眠**（以一种半睡眠或完全不活动的状态度过夏天）直到雨季到来。不要把夏眠和冬眠混淆，冬眠也是一些动物的睡眠状态，但是发生在冬天。

炎热荒漠里的许多动物白天躲避太阳以保持凉爽，夜晚出来觅食。它们在岩石、树木和灌木丛下或者土壤下的洞穴里找到阴凉的地方。有些动物的适应能力也能使其保持凉爽，例如长耳大野兔和狐狸的大耳朵。在这些动物中，流过耳边的空气使耳朵表面血管里的血液温度下降。冰凉的血液又运行到了身体的其他部位。

练习题

1. 利用下面的柱状图，回答以下问题：

a. 有多少区域是荒漠？

b. 哪一个地区最干燥？

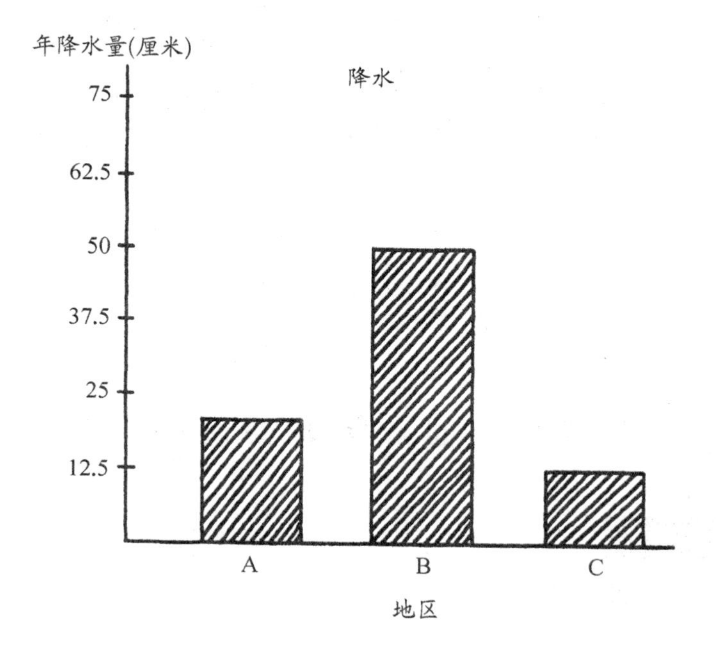

2. 利用下页的柱状图判断哪一个地区是荒漠。

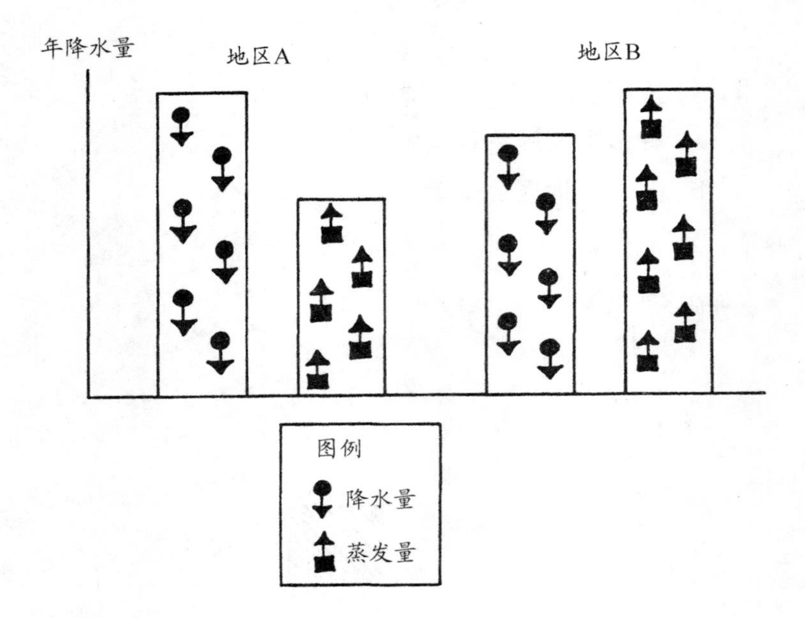

小实验　仙人掌如何储存水分

实验目的

了解仙人掌是如何储水的。

你会用到

一张打印纸，一只 4 升大小的塑料食品袋，一卷胶带。

实验步骤

❶ 把纸折成扇形，从短边处开始，每一次折叠都应有 1.3

厘米宽。

❷ 把塑料袋折 3 折。

❸ 把折叠的袋子放在折叠的纸上，使袋子的底边与纸的底边对齐。把两者粘在一起。

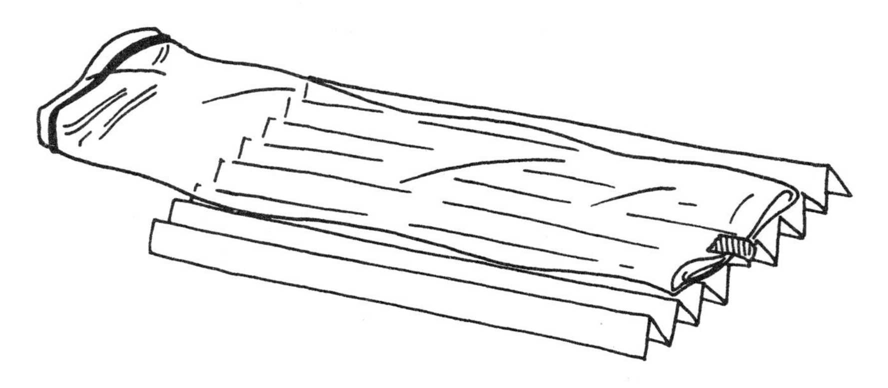

❹ 用纸把塑料袋包起来，形成圆筒状。把纸的两端粘上胶带。

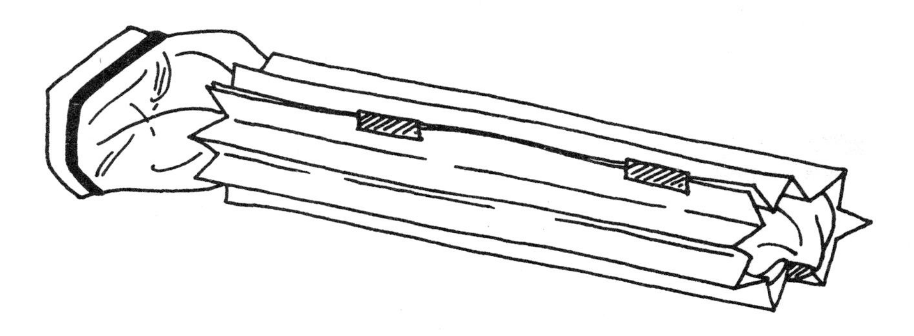

❺ 把纸圆筒立在桌子上，使塑料袋的上端敞开。

❻ 观察纸圆筒的大小。

❼ 把袋子的顶部打开。手拿着袋子，向里面吹气。

❽ 用手握紧袋子的顶部，使气体留在袋子里。

❾ 再次观察纸圆筒的大小。

❿ 放开袋子，用手轻轻挤压纸袋，使其恢复原形。

⓫ 再次观察纸圆筒的大小。

实验结果

当袋子里面充满气体时，纸圆筒增大。挤压纸圆筒后，它就恢复到小一些的折叠形状。

实验揭秘

往袋子里充气会使纸圆筒变大。随着袋子增大，纸圆筒会向外挤压。向外的力使纸的褶皱展开，纸圆筒的面积增大。随着褶皱展开，表面变得平展，纸圆筒的形状又发生了变化。

这个实验演示了一些仙人掌（如树形仙人掌）储水的方式。树形仙人掌长得很高，有着像纸上的褶皱一样的树干。一棵6米高的树形仙人掌可以储存380升的水。水向外挤压，使树形仙人掌褶皱的表面展开。在雨季，仙人掌的体积会增加20%。干旱的季节，仙人掌利用褶皱处储存水，收缩回到原来的大小和形状。因为仙人掌强大的储水能力，使它能在漫长的干旱季节中存活下来。

练习题参考答案

1a. 解题思路

（1）荒漠是年降水量不足25厘米的地区。

（2）有几个地区的柱状图比25厘米的标志短？

答：有2个荒漠区域：A和C。

1b. 解题思路

哪一个是最短的柱状图？

答：区域C最干燥。

2. 解题思路

（1）年蒸发量大于年降水量时，这个地区就是荒漠。

（2）哪一个地区的蒸发量的柱状图要高于降水量的柱状图？

答：地区B是荒漠。

高原地区的生物

常识须知

山越高，空气越稀薄，太阳照射来的热量容易散失。海拔高度每上升 100 米，气温会下降 0.6℃ 左右。因此，山体到了一定的高度，气温就会降到 0℃ 以下，冰雪终年不化。处于这个高度的界线，叫作**雪线**。

由于气候的变化，植物生长的类型从山脚到山顶也不相同。这就意味着群山有不同的气候带，每个气候带都有自己独特的动植物。同一座山上可能有多种生态系统，随着山势向上，从低坡上的荒漠到森林、草地、冻原到光秃的岩石和雪山山顶。

许多高山有树线和雪线。**树线**是指此高度以上的地区气候太冷，树木不能生长。雪线是指此高度以上的地区常年被雪覆盖着。一座山的树线和雪线的海拔高度取决于这座山距离赤道的远近。两线越高，就表示这座山距离赤道越近，因为赤道附近的气候整体很温暖。山上的生物从低处的斜坡到山顶有所不同。高山、荒漠、森林、草地和冻土地区的动物，和地球低海拔同一类型的生物圈的动物特征类似。

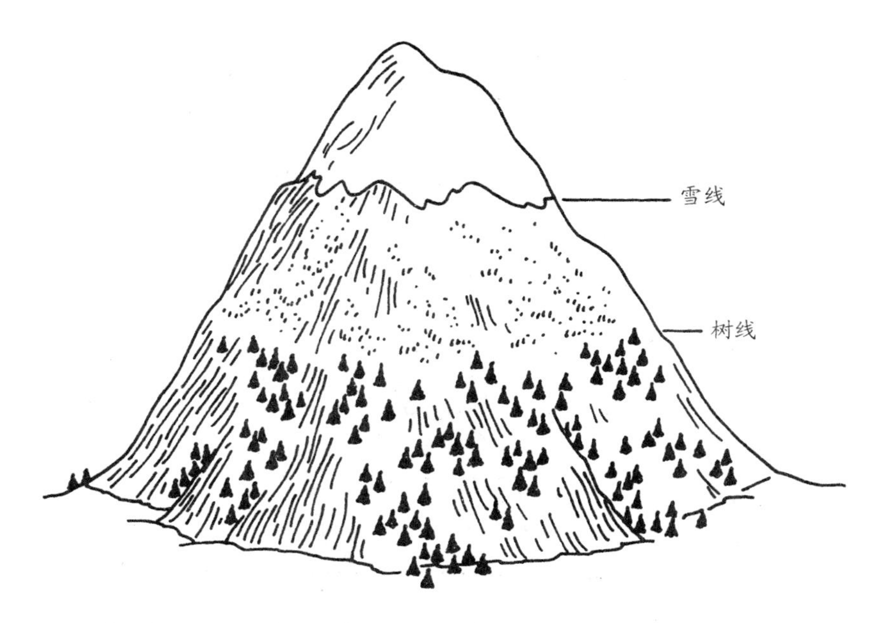

但是有一些高山动物也有特殊的适应能力。比如扭角羚，它强健的腿和大蹄子能翻越陡峭的山坡。偶蹄类动物，例如山羊和绵羊，可以在山腰上很好地保持平衡。因为它们的偶蹄可以独立移动，可以调整适应山上崎岖的地面。

在高山上，一些野生生物必须应付寒冷的气候。厚厚的皮毛和脂肪层是生活在高山地区的动物的保暖方式。除了气候寒冷，高海拔地区的氧气也很稀薄。呼吸这种空气的动物心肺比一般动物的都要大。这些大的器官有助于从稀薄的空气中获取必需的氧气。

高山地区的动植物种类繁多，研究它们就类似于研究整个地球从赤道到极地的动植物。

练习题

1. 研究下面 3 幅山区图，回答以下问题：

a. 此山远离赤道；

b. 肯尼亚山是距离赤道最近的山。

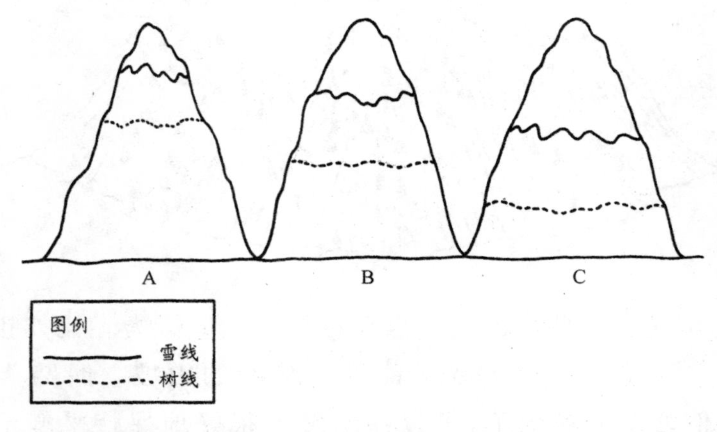

2. 研究下面的柱状图，判断哪一座山能正确地表示空气中的氧气含量和海拔高度的关系。

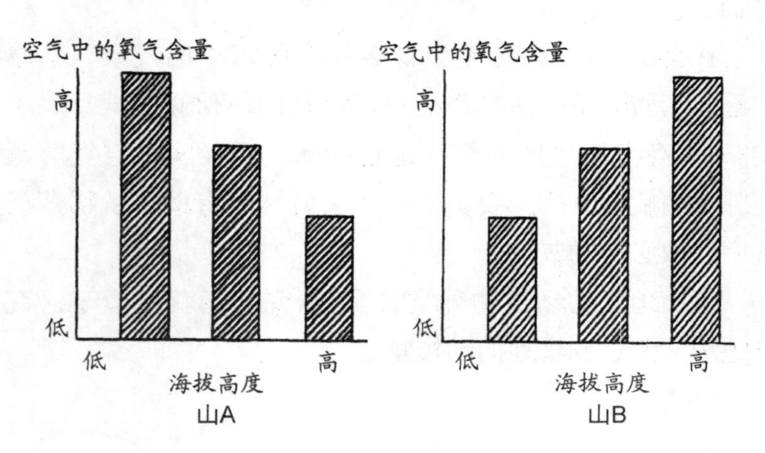

小实验　减震器

实验目的

了解山羊为什么能在崎岖的山坡上稳健地跑动。

你会用到

一只袜子，一杯米，一只塑料饮水杯，一张白纸，一支记号笔。

实验步骤

❶ 往袜子里灌满适量的米，使灌满米的袜子能放在杯子里为宜。

❷ 在袜子顶部打一个结。把袜子放在杯子里。

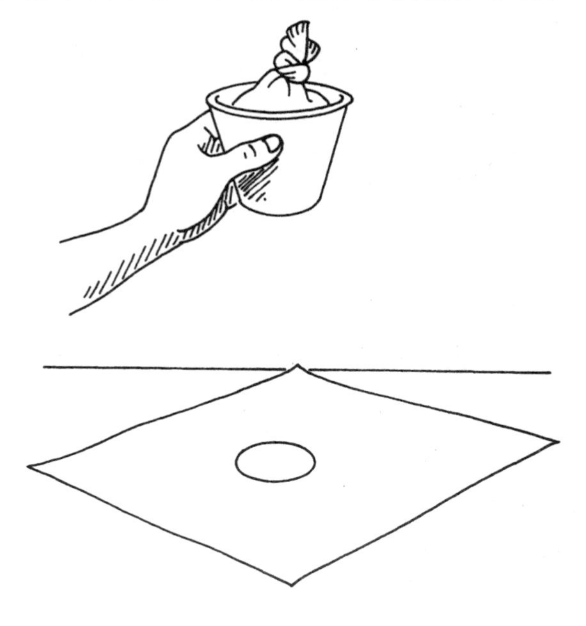

❸ 把杯子放在纸的中央，纸放在桌面之类的水平面上。然后，用笔在纸上描摹出杯子的底部。

❹ 把杯子拿到距离纸上画的圆 15 厘米高的地方。尽量调整杯子的位置，使杯子落下时，能掉在纸上的圆圈上。

❺ 扔下杯子。

❻ 观察杯子的落点，注意杯子落下时的运动。

❼ 步骤 4～6 重复 4 次。

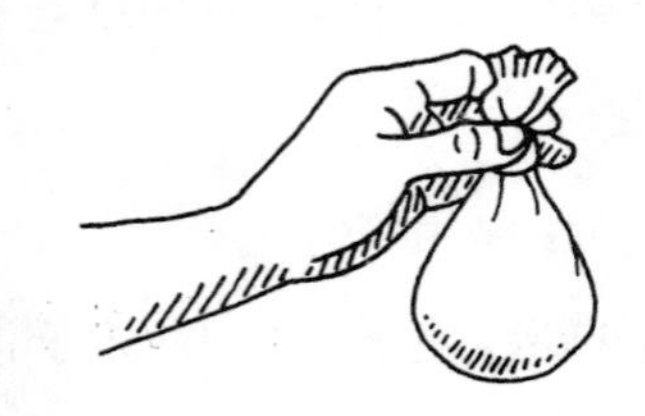

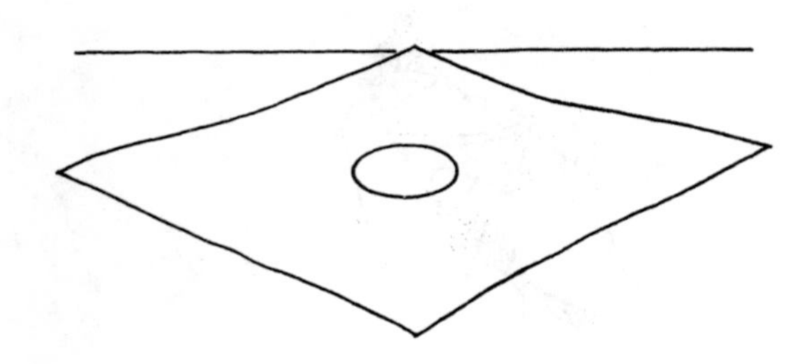

❽ 把袜子从杯中取出。

❾ 把袜子拿到距离纸上画的圆 15 厘米高的地方。尽量调整袜子的位置，使袜子落下时，能掉在纸上的圆圈上。

❿ 扔下袜子。

⓫ 观察袜子的落点，注意袜子落下时的运动。

⑫ 步骤 9～11 重复 4 次。

实验结果

当袜子在杯中的时候，下落时杯子会落在圆圈中，但是杯子会弹跳，或者落在圆上，或者部分落在圆外。当袜子单独下落时，每一次袜子都会落在圆内，不会弹跳开来。

实验揭秘

牛顿的第三运动定律认为每一个运动都会产生相等但却方向相反的力。这就意味着纸和桌面对杯子和袜子产生向上的力，与杯子和袜子对纸和桌子产生向下的力相等。向上的力使杯子弹跳；桌面和纸也对袜子产生向上的力，但是因为袜子和杯子不同，袜子的表面柔软，所以不会弹跳。

弹性使袜子的有些地方会上下动，但整只袜子不会动。这种独立的运动使袜子吸收了落地的力，不会弹跳。

山羊蹄角中间的肉垫，就像这个实验中的袜子一样，起到了减震器的作用。当山羊从一块岩石跳到另一块岩石时，弹跳产生的震动就被山羊柔软有韧性的肉垫吸收了。

练习题参考答案

1a. 解题思路

距离赤道最远的高山有最低的树线和雪线。

答：C 山距离赤道最远。

1b. 解题思路

距离赤道最近的高山有最高的树线和雪线。

答: A 山距离赤道最近。

2. 解题思路

(1) 空气中氧气的含量随着海拔高度的升高而减小。

(2) 哪一个柱状图表示图右侧(最高海拔)最短的柱状(氧气含量)?

答: A 山能正确地表示出空气中的氧气含量和海拔高度的关系。

海洋中的生物

常识须知

地球大约1/3的面积被水覆盖着。地球上最大的水体称作海洋。实际上海洋不是独立的水体，它们共同构成了地球上最大的海洋生态系统。

海洋里的动植物被称作海洋生物。根据它们在海洋里生活的深度，可以分成3种类型：

1. **海底生物**：包括动物（如蛤蜊）和植物（如海草）。不管水多深，它们都生活在水中或洋底。大多数植物生长在浅水区。
2. **自游生物**：像鱼类和鲸这些动物，在海洋中会顺着洋流独立地游动。
3. **浮游生物**：这些小到只能从显微镜里看到的微小生物生活在洋面附近，顺流漂泊。浮游的动物被称作浮游动物，浮游的植物被称作浮游植物。

海洋的深度不同，最深处位于太平洋的马里亚纳海沟，深达10.9千米。大约90%的海洋生物生活在洋面以下150米的地方。这里水温适宜，阳光可以照射进来。海洋的这个地区称作**有光区**。这个地区里不同的深度生活着不同的动物。一些动物在这里来回游动。例如白天有些鱼停留在洋面以下很深的地方,夜晚则游上来觅食。

海洋中又深又冷又昏暗的地区称作**过渡区**,从有光区的底部向下延伸到大约 900 米的深度。在这个幽暗的层面,植物不能生长。比起上面温暖、阳光充足的有光区,过渡区的动物数量小了很多。过渡区内的一些鱼在夜晚会游到有光区去觅食,其他动物则捕食本区域内的鱼,或者吃从有光区漂下来的死去的生物。

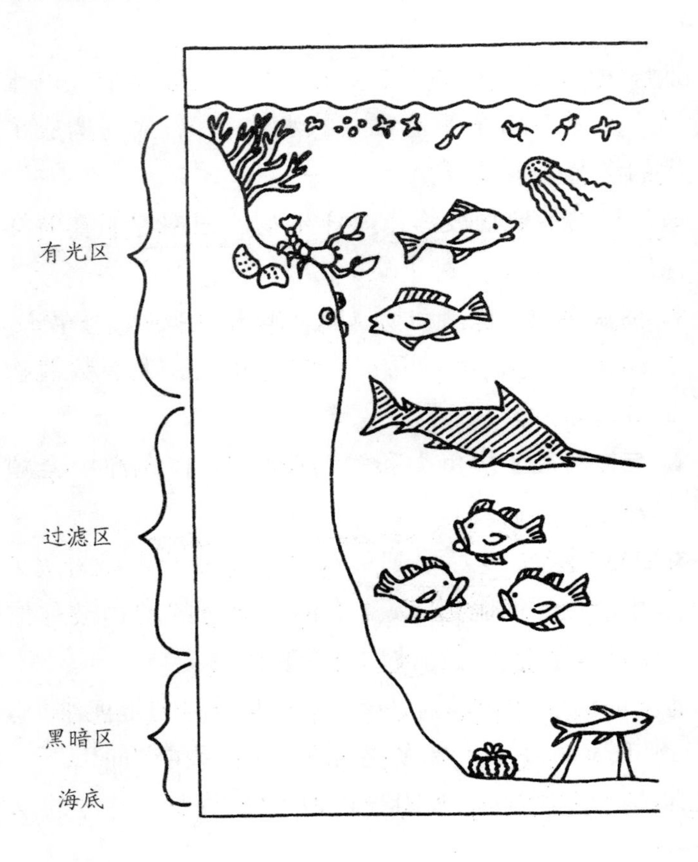

洋底区域，也叫**黑暗区**，寒冷又没有光，从洋面以下 900 米处一直延伸到洋底。只有 1%的海洋生物能在 900 米以下的海洋生存。它们主要食用上一个层面的生物尸体。

海洋生物的栖息地从海岸线的边缘到大洋的深处，从一个海岸线到下一个海岸线都有所不同。与在陆地上一样，海洋里的生物也不是均等分布的。海洋生物最密集的地区是海岸线附近及北极和南极地区的水域。

练习题

利用下图中鱼身上的字母，看看你能想起多少有关海洋的英语单词。这里给你一些建议：

（1）每一个空格代表鱼鳞上的一个字母。

（2）每个单词所给的字母为选择缺失的字母提供了线索（每个字母可以用一次以上）。

（3）填写缺失的字母，找到这一章使用过的有关海洋的英文词汇。

1. w__ __ __r

2. f __ __h

3. p __a __k __ __ __

4. b __n __ __o __

5. ma __ __ __e

6. __el __

7. __ __k __o __

8. w __a __ __

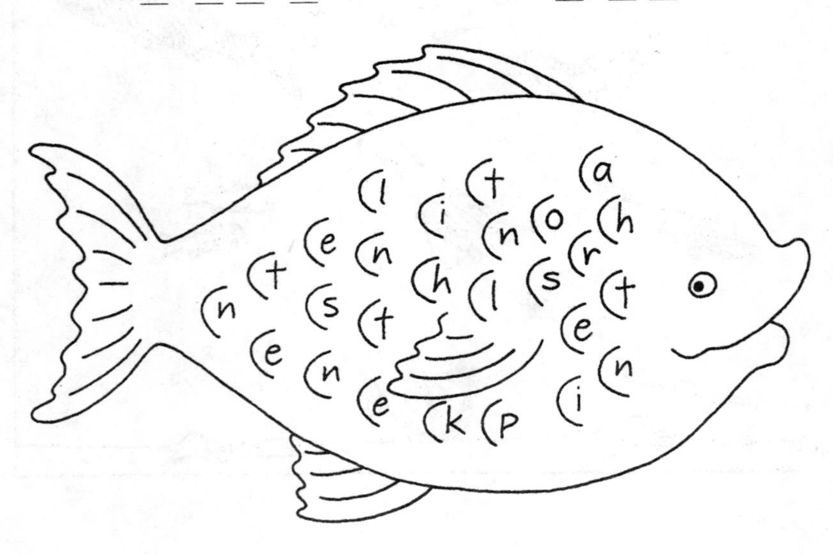

小实验　水下森林

实验目的

了解海藻的生长结构。

你会用到

一把剪刀，一只大的空塑料瓶，一把直尺，一张铝箔，一根烟斗通条，2个带弹簧夹的圆形软木浮子，一块小石块，一些自来水，一名成年人助手。

实验步骤

❶ 请成年人助手把塑料瓶子的顶部剪开，做成一只20厘米高的敞开容器。

❷ 剪一根20×15(厘米)的铝箔条。

❸ 把铝箔条纵向对折4次。

❹ 把铝箔条一端5厘米处包裹在烟斗通条上。

❺ 把软木浮子的底部夹在烟斗通条5厘米处的铝箔条上。

❻ 把另一个软木浮子的底部夹在第1个软木浮子上5厘米处。

❼ 从铝箔纸上剪下2个长三角形，底边长2.5厘米，边长为15厘米。

❽ 把每个软木浮子的顶部分别夹在一个三角形的铝箔纸上。

❾ 把烟斗通条包在石块外面。

⑩ 往塑料瓶中倒入 3/4 瓶的水。

⑪ 把石块及其附属物小心地放在水里。

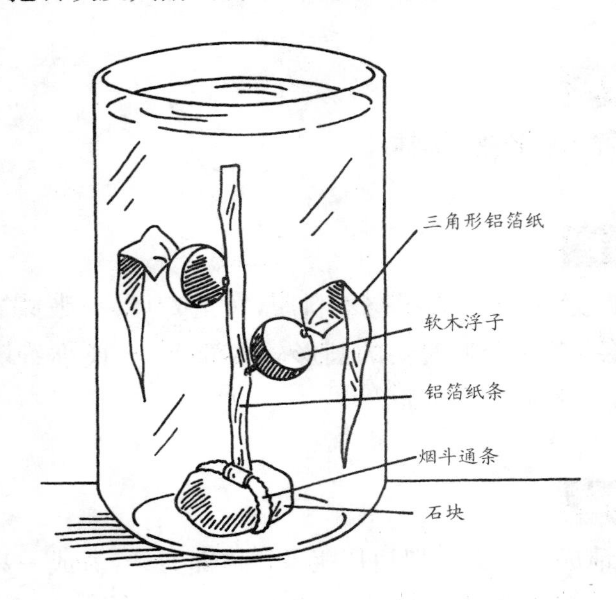

实验结果

软木浮子及其附属的三角形铝箔纸会漂浮在不同的深度。

实验揭秘

由高大、褐色的海藻构成的海底森林，位于凉爽的海岸附近的水域，为成百上千种不同的海洋生物提供了生存空间。海藻高度从 4.5 厘米到 60 米不等。

大多数的海藻至少由 4 个部分组成：固着器（烟斗通条）、叶柄（铝箔纸）、漂游物（软木浮子）和叶片（三角形铝箔纸）。固着器是像根一样的结构，攀附在岩石和洋底其他坚硬的表面

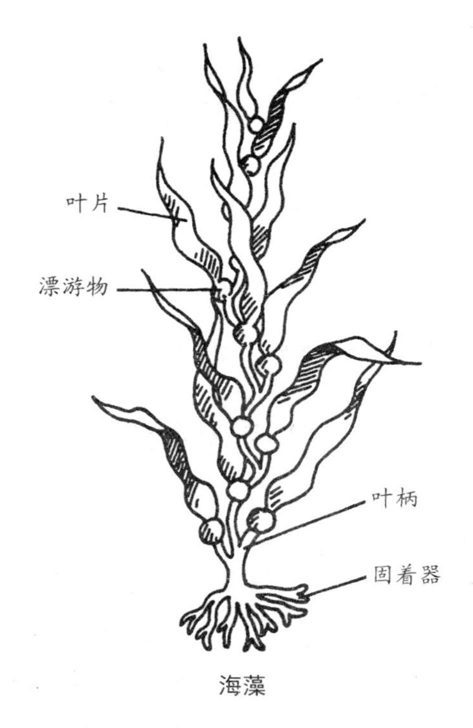

海藻

上，防止海藻漂浮到洋面。叶柄是像茎一样的构造。叶片附着在上面。漂游物是在每个叶片的底部满是气体的构造，能使海藻漂浮直立。叶片是像叶子的构造，能进行光合作用。

练习题参考答案

解题思路

单词是：

1. Water（水） **2.** fish（鱼） **3.** plankton（浮游生物）

4. benthos（海底生物） **5.** marine（海生的）

6. kelp（海藻） **7.** nekton（游行动物） **8.** whale（鲸）

如何解决水污染问题

常识须知

水是地球最有价值的资源之一。充足的清洁饮用水的供应是你生存所必需的,也是动植物生存所必需的。但是人们经常浪费水。一个美国人每天平均大概要用 500 升的水用于饮用、烹饪、清洁和冲洗。另外每个人还要使用 7 200 升的水,由农民来灌溉你吃的农产品及工业上用来生产你所使用的产品。

当你冲洗、洗浴、刷牙、洗衣时,废水经过排水管排出,这些废水会流到污水处理厂等待净化。在这里,**污染物**(破坏水、土地和空气纯度的物质,例如食物残渣和灰尘)会被清理掉。水被排放到水系之前,先要杀灭水中的有害细菌。然而不是所有的污染物都能被清理掉的。

雨水会将街道上的油、污垢、化学物质和垃圾冲刷掉。这些脏水通常流入地下管道并最终未做处理就排放进水系。雨水也会把施在土壤上的化肥冲进水系。在有些国家,法律严格控制工厂向水系排放某些物质。然而,即使有规定,工厂的一些废物还是会有意无意地排放进水系里。进入水系的污染物质会威胁着水中及附近的动植物。

一些化学废物排放进水体后，实际提供了供藻类过度生长的营养成分。随着藻类的死亡，腐烂的生物从水中吸收氧气，使其他生物，例如鱼，由于缺氧而死亡。

对此你能做些什么呢？一个人可能只能改变一点。但是上亿人生活在地球上，用亿乘以小变化，就会产生巨大的变化。从今天开始保护水。记住，你冲进下水道的水越少，你添加到地球水系的化学物质就越少。

以下建议会帮助你和你的家人保护水：

● 当你冲马桶的时候，尽量少用水。在成年人的帮助下，在卫生间的水箱里放一块砖或一只装满石子的瓶子。这些物体会占用空间，减少注入水箱里的水量。*小心不要弄坏水箱里的冲洗装置。*

● 用淋浴来代替在浴缸里泡澡。冲淋浴所需要的水量只是注满浴缸水的一半。

● 刷牙的时候，不要让水龙头的水一直流淌。

● 旋紧水龙头，不要让它滴水。

● 只有当洗碗机装满碗碟的时候，再开启洗碗程序。

● 只有当洗衣机装满衣物的时候，再开启洗衣程序。

练习题

1. 如果每小时从滴水的水龙头流失 2 升的水，一周会浪费多少水？

2. 每次冲马桶平均要用 20 升的水。如果每天平均冲 8 次马桶，一周要用掉多少升的水？

小实验　污染稀释

实验目的

展示加到水里的物质如何影响污染。

你会用到

一只杯子，一只罐子，一只带盖的壶，一些自来水，一瓶红墨水，一把调羹，一名成年人助手。

实验步骤

1. 把杯子、罐子和壶的 3/4 注满水。
2. 向杯中的水里滴 2 滴红墨水，并搅拌均匀。
3. 把杯中少量的水倒入罐子中并搅拌均匀。
4. 把罐中的少量水倒入壶中并搅拌均匀

5. 请助手把壶盖旋紧，前后摇动，充分混合。
6. 把杯子和罐子里的水的颜色和壶里水的颜色进行比较。

实验结果

杯里的水是深红色，罐里的水是淡红色，壶里的水则从淡粉色到无色。

实验揭秘

杯中的红色是最浓的颜色，因为红色的**分子**（具有物质所有特征的物质最小成分）结合紧密，能反射更多的红光。当这种有颜色的水添加到无色的水中，颜色分子会均匀地扩散到水中。当颜色分子添加到壶中的无色水中，分子被分散开，因为体积小，颜色变得很淡，几乎看不到。

这就是水中污染物所发生的现象。当污染物最初倒入水中时，污染物是肉眼可见的，但是当它顺流而下和更多的水混合在一起时，裸眼就再也见不到它了。这并不意味着污染物消失了。距离污染源几千米以外河里的动植物都会受到影响。对动物伤害的程度取决于污染物的类型及**稀释**（通过混合另一种物质，通常是水，来减少效力）污染物注入的水量。

练习题参考答案

1. 解题思路

（1）一天有 24 小时，每天浪费的水量是：

24×2 升 $=48$ 升。

（2）一周有 7 天。一周浪费的水量是：

7×48 升 $=336$ 升。

答：一周里，滴水的水龙头会浪费 336 升的水。

2. 解题思路

（1）每天冲马桶的用水量是：

8×20 升 $=160$ 升。

（2）一周 7 天。7 天冲马桶需要的水量是：

7×160 升 $=1\ 120$ 升。

答：一周内，需要 1 120 升的水冲马桶。

18 全球变暖

常识须知

太阳照射到地平面上的辐射又称日射。下面的输入图表明 340 单位的太阳辐射直接到达地球，只有 238 单位的太阳辐射被大气、云和地球表面吸收。其余 102 个单位的太阳辐射被

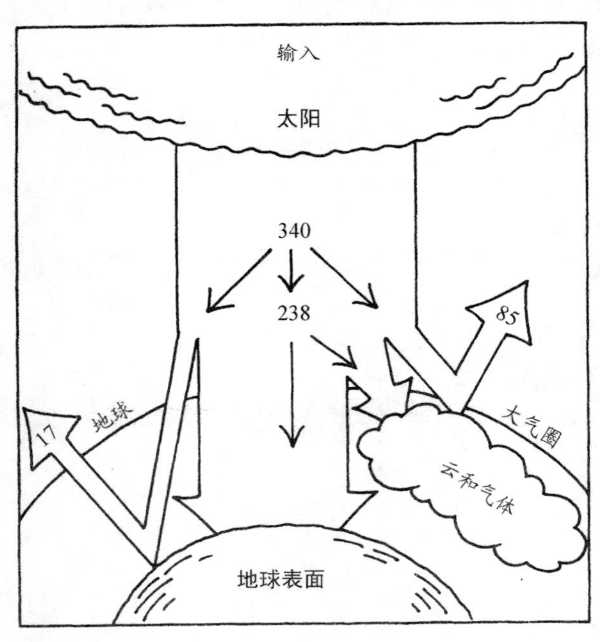

反射回了宇宙空间。

因为大气和大气中称为**温室气体**（主要是二氧化碳和水蒸气）的气体，能使地球的温度保持温暖。这些气体能汇聚太阳的热量，防止部分阳光反射回宇宙空间。太阳辐射能穿透玻璃，使温室的内部（通常由玻璃或者透明塑料构成，为室内生长的植物提供安全太阳辐射可控制的环境）温度上升。由于这个原因，地球变暖也称作温室效应。

下面的输出图表明 453 个单位的太阳辐射从地球流失。在这些能量中，300 个单位的太阳辐射被云和温室气体反射回了宇宙空间。剩余的 153 个单位的太阳辐射，连同从云层流失的 85 个单位的太阳辐射，总共 238 个单位的太阳辐射，反射回了宇宙空间。也就是说，太阳辐射输入的数量和输出的数量

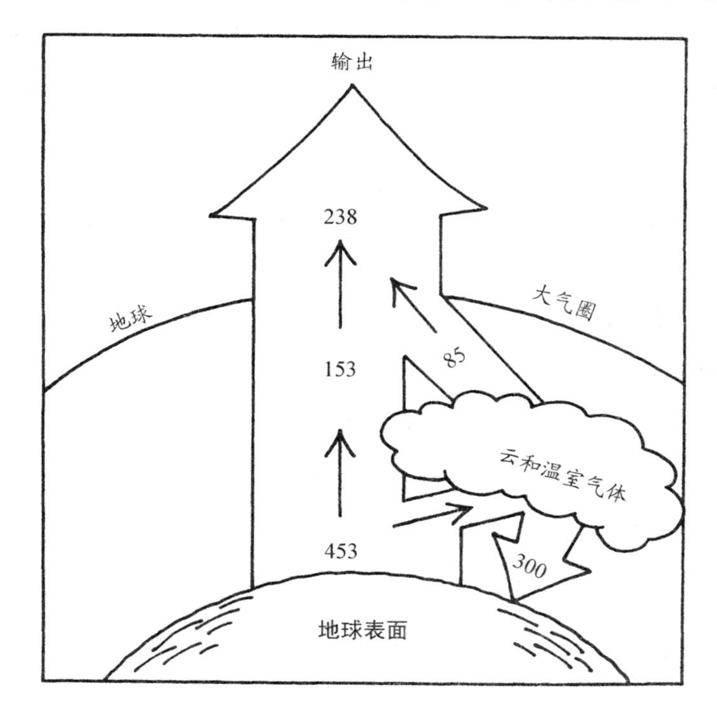

是相等的。只要输入能量和输出能量相等，地球表面的平均气温就会保持不变。

地球表面的平均气温取决于大气中温室气体的数量。温室气体增加，会导致地球平均气温上升；温室气体减少，会导致地球平均气温下降。

温室气体之一的二氧化碳对地球变暖负主要责任。二氧化碳是呼吸作用的产物，但大部分是燃烧矿物燃料而产生的。矿物燃料，例如石油、天然气或煤，这些物质燃烧可以产生能量。随着地球人口的增加，会燃烧更多的矿物燃料，所以二氧化碳的数量也在不断增加。许多科学家预测，如果矿物燃料的燃烧数量不变，地球的平均气温会持续上升。

树木有助于减少空气中二氧化碳的数量。它们利用光合作用反应中产生的二氧化碳制造食物。砍伐森林和燃烧矿物燃料，会造成大气中二氧化碳含量的增大。循环利用纸产品以及在大树被砍倒的地方种植树苗，有助于阻止森林的砍伐。

很难准确地预测地球平均气温上升所造成的影响，但是有一些可能性。在天气模式上主要的变化，例如干旱或热带暴雨，可能会使温带地区的炎热变得难以忍受。另一个问题可能是气候变暖会引起极地冰帽和冰河融化，增大海洋的容量，引起海岸周围地区的洪水，也会影响海岸线附近的整个食物网。

你可以通过循环利用纸产品，减少矿物燃料的使用，并且使用不产生二氧化碳的替代能源来减少全球变暖的威胁。记住：发电的一种方式就是通过燃烧矿物燃料。所以节约用电，就是减少使用矿物燃料。想想以下减少矿物燃料使用的可能方式，再想想还有没有其他的方式：

- 乘校车或公交车去上学。

- 冬天，把加热器关掉，多穿些衣物。
- 当你决定吃什么、喝什么的时候，不要让冰箱门一直开着。
- 使用完灯、音响、电视等，就马上关掉。
- 不要轻易使用空调。

练习题

研究下图，回答下面的问题（注意输入的太阳能分为 10 个相等的部分，每一部分代表整个能量的 10%）。

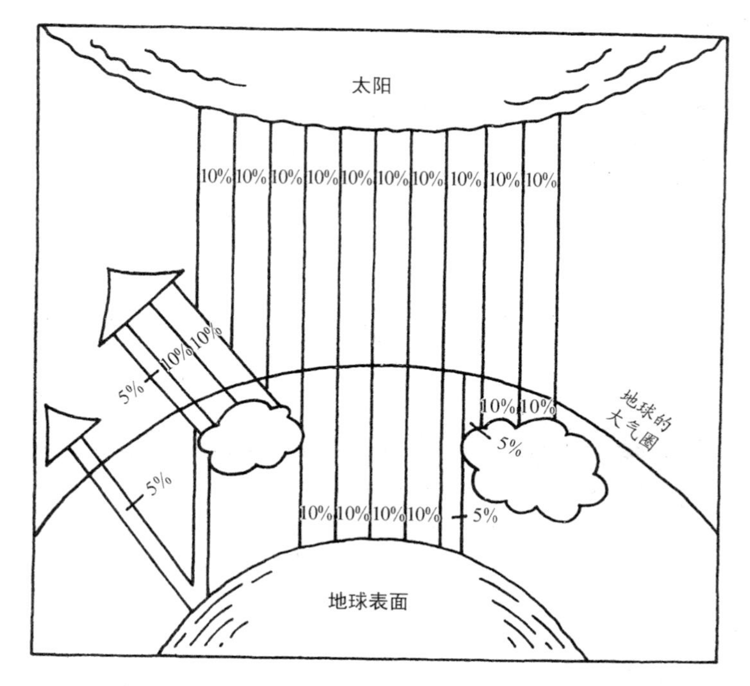

1. 地球大气中的气体和云反射多少太阳能？
2. 地球表面反射多少太阳能？
3. 有多少太阳能没有被反射回宇宙空间？

小实验　温室效应

实验目的

模仿温室效应。

你会用到

2杯土，一只有盖的罐子（高度要能放入一支温度计），2支温度计。

实验步骤

❶ 把土倒入罐中。

❷ 把一支温度计放在罐子里，盖上盖子。

③ 把罐子放在阳光能直射到的窗边，把第二支温度计放在罐子边。

④ 30 分钟后读出 2 支温度计的度数。

实验结果

密闭罐子里的温度比外面的温度高。

实验揭秘

罐子是温室的一个小模型。温室是由玻璃和透明塑料构成的，太阳光可以进来并且使里面的东西受热。

像温室一样，太阳光照射进来并温暖了地球的大气圈。温室的温度升高主要是因为它是密闭的，外面的冷空气和里面的暖空气不能混合。地球气温上升，是因为太阳光到达地球表面，释放了热量。大多数热量被温室气体吸收，使热量聚拢在地球周围。

练习题参考答案

1. 解题思路

太阳能分 3 部分从云层反射。

10% + 10% + 5% = 25%。

答：被地球大气反射的太阳能的比例是 25%。

2. 解题思路

从地球表面反射的太阳能占 5%。

答：地球表面反射的太阳能比例是5%。

3. 解题思路

（1）云层接收太阳能的3部分。

10% + 10% + 5% = 25%。

（2）地球表面接收太阳能的五个部分。

10% + 10% + 10% + 10% + 5% = 45%。

（3）云层吸收的数量加上地球表面吸收的数量等于吸收的总能量。

25% + 45% = 70%。

答：被吸收或者没有反射回宇宙空间的太阳能比例是70%。

塑料如何影响环境

常识须知

塑料是很有用并且很廉价的材料。它们抗水、很轻、不容易碎。因为泡沫塑料可以充当绝缘体，常被用来做保温材料。泡沫塑料很轻，可以漂浮在水上，因此常被用做救生用具。

塑料除了好处，对环境也有害处。大多数塑料能保持很长时间不坏。尽管对于耐久产品来说很好，但是因为塑料很难腐烂，它也有坏处。处理塑料，或者埋在称作垃圾填埋地的固体废物处理区，或者燃烧，或者再利用。燃烧塑料会产生有毒的空气污染物。掩埋可以使人们看不到塑料，但是大多数塑料都不能被**生物分解**（通过生物特别是细菌分解成无害物质）。这就意味着垃圾掩埋地的塑料会好几百年一成不变地存在着。废塑料会进入水域，小块的泡沫塑料会被鱼、乌龟和其他水生生物误当作食物，塑料会置这些生物于死地。

科学家正在寻找使塑料对环境的危害减小的方法。纤维素的附加成分会使塑料的分解变得更容易。但是现在还没有确定这些塑料怎样才能很好地被分解或者它们进入水系后是否会造成水污染。

现在，科学家已经研制开发出“可降解塑料”，有光降解塑料和生物降解塑料：前者是在塑料中添加光敏剂，使塑料在太阳光的紫外线照射下加速老化，达到分解的效果；后者是在塑料中添加淀粉和氧化剂，使塑料在土壤中容易被微生物分解。不过，这些可降解塑料的生产成本比普通塑料高。

有些塑料正在被再循环利用。将清洁后的塑料剪成小块，熔化并重新制成许多不同的产品，例如滑雪板、冲浪板、导管、公园长凳、合成纤维棉絮。现在不是所有的塑料都能被再循环利用。再循环利用肯定是比燃烧和掩埋更好的解决方案。

练习题

1. 针对下页的每一幅图，辨别塑料的使用有益还是无益。

A
泡沫塑料
B
泡沫塑料
C
泡沫塑料
咖啡
D
塑料
垃圾堆填区
塑料

2. 生活中人们很难完全避免使用塑料。判断以下哪一种行为会有助于解决塑料问题：

a. 重复利用塑料容器；

b. 燃烧废弃的塑料；

c. 购买由天然材料制成的产品，例如纸或木头；

d. 去杂货店时，带着布袋而不是塑料袋。

小实验　泡沫塑料

实验目的

制作模拟的泡沫塑料。

你会用到

一杯(250毫升)自来水，一只2升的碗，2大汤匙(30毫升)洗洁精，一只搅拌器，一把搅拌勺，一只(250毫升)量杯，一把量匙(15毫升)。

实验步骤

❶ 将碗中注满水。

❷ 向水中加一些洗洁精。

❸ 用搅拌器搅拌液体，直到搅出一堆大泡沫。

❹ 用搅拌勺把量杯装满泡沫。

注意： *小心不要让任何液体进到杯子里。*

❺ 把杯子放在僻静的地方。

❻ 4小时内，经常观察泡沫。

❼ 4 小时后，或者当所有的泡沫变成液体后，用量匙测量杯中的液体。

实验结果

当起泡沫时，水泡装满了整个杯子。当水泡破裂后，一杯子的泡沫变成了大约 2 汤匙(30 毫升)的液体。

实验揭秘

搅拌液体产生的气泡飞到了空气中。泡沫大部分是气体。当把杯子放下，水泡破裂时，气体跑了出来，泡沫又变成了肥皂质的液体。像肥皂泡一样，泡沫塑料中也是充满了空气。但是和肥皂泡不同，泡沫塑料要施加压力才会破裂，所以泡沫塑料的大小是不变的。因为泡沫塑料大部分是空气，用这种塑料制成的大的材料很轻并且很容易运输。空气很难传送能量，所以好处是，充满空气的塑料是很好的绝缘体；坏处是，在垃圾倾倒时，这种塑料会占据很大的空间。

练习题参考答案

1a. 解题思路

由泡沫塑料制成的救生衣会漂浮起来。如果孩子掉进水里，救生衣会挽救孩子的生命。

答：图 A 中用作救生衣的泡沫塑料的用途是有益的。

1b. 解题思路

因为从泡沫塑料救生圈上掉下来的碎块会被鱼当作食物。如果鱼吃了塑料，鱼会死掉。

答：图 B 中用作救生圈的泡沫塑料的用途是无益的。

1c. 解题思路

用来制作杯子的泡沫塑料是绝缘体，会使杯中的液体保温时间更长。

答：图 C 中泡沫塑料作为杯子绝缘材料的使用是有益的。

1d. 解题思路

大多数的塑料无法进行生物分解。掩埋的塑料会在垃圾填埋场中存留上百年。

答：图 D 中垃圾填埋场的塑料是无益的。

2a. 解题思路

塑料的再利用会减少处理问题。

答：重复利用塑料容器有助于解决塑料问题。

2b. 解题思路

燃烧塑料会产生有毒的空气污染物。

答：燃烧废弃的塑料不利于解决塑料问题。

2c. 解题思路

天然材料，像纸和木头，比塑料更容易被分子分解。

答：购买由天然材料制成的产品有助于解决塑料问题。

2d. 解题思路

布袋可以循环使用，当最终被当作垃圾扔掉时，还可以被生物分解。

答：用布袋有助于解决塑料问题。

酸雨的起因和影响

常识须知

酸雨是一种降雨，酸雨中的酸的含量特别大。**溶液**（把一种物质溶解在液体里而制成的混合物）可分为酸性、碱性、中性。判断一种溶液是酸性、碱性或中性的衡量单位称作 pH，用来衡量 pH 大小的值称作 **pH 值**。pH 值的大小从 0 到 14 不等。酸性溶液，例如醋或正常的雨水，pH 值小于 7。pH 值大于 7 的溶液，例如酸奶和鸡蛋，是碱性（酸的相反值，能够减少物质中酸的含量）。pH 值为 0 时，是酸性的最高值。pH 值为 14 时，是碱性的最高值。pH 值为 7 时，表明溶液是中性的（既

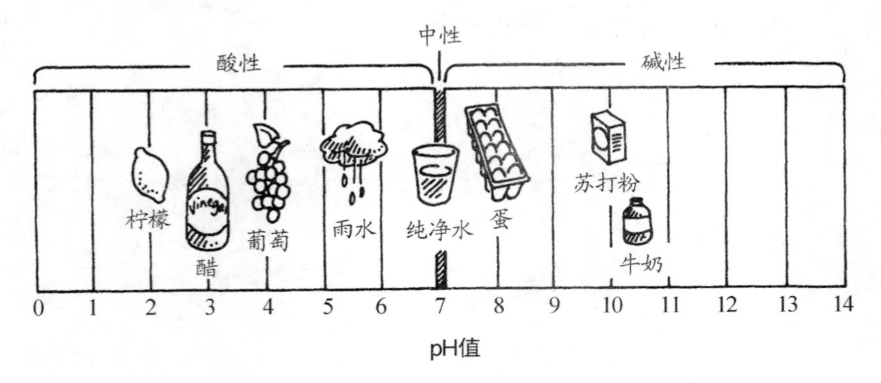

不是酸性的，也不是碱性的)。纯净水就是中性的。

pH 值之间每个整数之间的差异表明相邻值 10 倍的酸或碱的强度。所以 pH2 溶液中酸的含量是 pH3 溶液的 10 倍。pH2 和 pH4 之间是两个整数。因此 pH2 的溶液中酸的含量是 pH4 溶液的 10×10 倍，即 100 倍。

从地球上蒸发的水既不是酸性的，也不是碱性的，而是中性的(pH7)。当水蒸气凝结，液态水和大气中的气体(如二氧化碳)混合。水加上二氧化碳的正常量能产生 pH 值为 5—6 的弱酸，因此，正常的雨水是微酸。正常雨水里的酸能溶解岩石，但是需要成百上千年。

酸雨中的酸是由空气污染物引起的，比如，二氧化硫和二氧化氮。当这些气体和水结合在一起会产生酸。酸雨降到地面上，有些最终流入了河道中。

有些空气污染物是天然形成的，例如火山喷发产生的气体和灰尘。有些空气污染物则是人类的行为造成的，大部分来自矿物燃料的燃烧，如煤和石油。每年矿物燃料燃烧释放到空气中的污染物有上百万吨。在工厂、发电站及大量的汽车聚集的地方，污染物的量会大得多。

人类在生产和生活中燃烧煤炭和石油，生成的二氧化硫和氮氧化合物进入大气后，在阳光、水和飘尘的作用下发生一系列化学反应，生成硫酸、硝酸或硫酸盐、硝酸盐的微滴，飘在空中，以后遇到降雨，随着一起落下，就成了酸雨。

空气污染物通常会上升，落在污染源附近，它们也会被风吹到几千米以外没有污染企业的地方。被风吹落的空气污染物称作**沉降物**。盛行风从一个方向吹来，像其他的风一样，以它吹来的方向命名。东风来自东部，向西吹。这就意味着常刮东风的工业区西部和常刮西风的工业区东部，最有可能有脏的沉降物落下。

一些干燥的空气污染物会很快落在地面上。这些污染物被称作干沉积物。其他的会累积和雨水混合形成强酸溶液。空气中的污染物会漂浮一周或更久。在这期间，空气中一些潮湿的混合物在最终落下之前形成酸，称为湿沉积物。落下之前，这些污染物会和空气中的其他化学物质结合形成污染物，例如臭氧。

酸雨会慢慢侵蚀房屋、雕塑等岩石构成的建筑物。但是人们最担心的是，酸雨会使湖水变成酸性。在正常情况下，湖水的pH值是6.5，许多植物、昆虫和鱼都可以在此生存。其他动物和鸟也可以从湖中取食。如果湖水的酸值很高，就会使很多刚刚出生的小鱼死掉。

当酸雨流过土地，会使有毒的矿物质，如铝或汞，从周围的土地中分离出来。一旦这些矿物质流入湖里，鸟吃了含有这些有毒矿物质的鱼会深受其害。它们的蛋壳会变得很脆弱，很容易破碎。孵出的小鸟会长出畸形的骨骼，甚至死亡。

来自全世界的证据表明，酸雨会影响树木和森林。酸雨会削弱树木的抵抗力，它们很容易被大风吹倒或者受到昆虫和细菌的侵袭。其中被酸雨损害的外在迹象之一就是叶子稀少。

练习题

1. 下图中哪一片地区会由于东风而落下最多的沉降物？

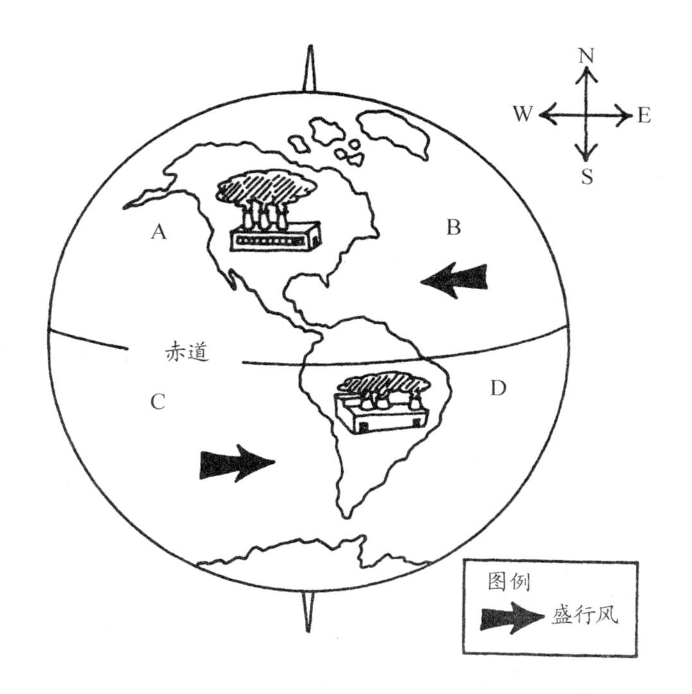

2. 判断在风速为 16 千米/小时的情况下，空气中的污染物 5 天后能飘行多远？

小实验　酸雨的影响

实验目的

了解酸雨对植物的影响。

你会用到

2只2升的喷壶，一些蒸馏水，一卷胶带，一支记号笔，一瓶白醋，3小盆相似的家居植物。

实验步骤

1. 把一只喷壶装满蒸馏水，旋紧盖子。
2. 用胶带和记号笔在瓶上标注“水”的字样。这种溶液将代表水。
3. 往第二只喷壶里装半壶蒸馏水，然后加入白醋，将喷壶灌满。
4. 旋紧盖子，摇晃喷壶使壶里的液体充分混合。
5. 在第二只喷壶上标注“酸”的字样。这瓶液体将代表酸。
6. 把3盆植物分别标上“水”“酸”和“干”的字样。在剩余的步骤中，除了浇水之外，以同样的方式对待每棵植物。
7. 向标有“水”的植物的盆土上洒水，使之潮湿，但不要太湿。数数喷水的次数。
8. 向标有“酸”的植物盆土喷洒等量的酸。
9. 不要向标有“干”的植物喷水。

⑩ 把 3 盆植物放在窗边，让它们接受等量的阳光。

⑪ 每天一次，向标有“水”和“酸”的植物的叶子喷洒 3 次相应的液体。

⑫ 为了保持土壤湿润，向标有“水”和“酸”的植物盆土喷洒相等数量的溶液。

⑬ 不要向标有“干”的植物喷水。

⑭ 观察植物 4 周，或者直到一种植物掉了一半的叶子或死去为止。

实验结果

标有“干”的植物死了，叶子变得枯萎，最终叶子都落光了。喷洒酸的植物叶子落下之前变得枯黄了。这棵植物也死了。看到这个结果的时间，随着盆栽植物的种类而不同。喷洒水的植物仍然很健康。

注意：*这些是可预料的结果，但是即使喷水，不健康的植*

物也会死去。

实验揭秘

蒸馏水的pH值是7。它既不是酸性，也不是碱性，而是中性。水是植物生存必需的。因为没有水，干燥的植物死去了。在微酸降雨中，植物处于健康状态，但在高酸降雨中，植物不能生存。醋溶液的酸值比酸雨和大部分植物能承受的都高，但是也有一些植物对酸的忍耐力很强，并能存活很久。

练习题参考答案

1. 解题思路

东风来自东方，向西吹。

答：地区A和C由于盛行风，飘落的沉降物最多。

2. 解题思路

（1）一天24小时，5天的小时数是：

$5\times24=120$ 小时。

（2）如果风携带着污染物一小时飘16千米，120小时污染物飘行的距离是：

$16\times120=1\,920$ 千米。

答：5天后，风携带着污染物飘行了1 920千米。

21 臭氧层

常识须知

太阳光照射到地球上，在离地面10～15千米的平流层，阳光中的紫外线使1个氧分子(O_2)分解成2个氧原子，其中1个氧原子和1个氧分子结合，形成了1个臭氧分子(O_3)，并且在离地面约25千米处形成了臭氧层。臭氧能阻挡阳光中的紫外线。臭氧层一旦遭到破坏，大量紫外线便长驱直入，危害人类和地球上的其他生物。臭氧层不是一个实心的屏障，而是臭氧气体的分散分子。如果所有的臭氧被压缩进这一层，只有3毫米的厚度。

臭氧层阻止了到达地球的大部分紫外线。少许紫外线对生命是必需的，但是太多紫外线则会烤熟你。如果你待在阳光下太久，就会被阳光灼伤，也可能会被紫外线烤熟哦。臭氧在被分解的过程中吸收紫外线。因此，在一个自然的臭氧周期里，臭氧会分解，然后重新组合。

如果没有其他因素，臭氧周期是平衡的，并且臭氧层臭氧的总量会保持不变。然而称作CFCs(氯氟烃)的空气污染物会使臭氧层的体积缩小。氯氟烃是用于喷雾罐、空调和膨胀

泡沫塑料的气体。当氯氟烃上升到臭氧层，紫外线使氯原子从氯氟烃中分离出来。一个自由的氯原子能使上千个臭氧原子分解，形成常见的氧。

臭氧层对人类的所有影响还不得而知，但是有一点可以确定，到达地球的紫外线增多，会灼伤人的皮肤。臭氧也不全是优点。在底层大气中，臭氧属于污染物，在雷雨期间由电子设备产生。因为污染物来自汽车，即使人们呼吸很少的臭氧，也会引起喉咙痛、咳嗽和其他呼吸疾病。

练习题

1. 臭氧层空洞会使大量的紫外线穿过臭氧层到达地球。过量的紫外线可能会阻止浮游生物觅食，使它们死亡。研究下图，判断哪一种描述是臭氧层空洞可能产生的结果。

   a. 只有浮游生物会死去。

   b. 浮游生物和鱼A都会死。

   c. 浮游生物、鱼A和鱼B都会死。

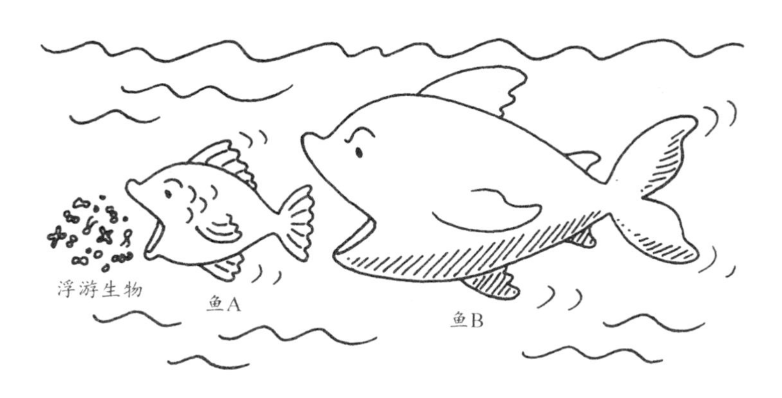

2. 用氧原子提供的信息作为指示，填写下页表格的空白部分。

模型	符号	名称
	 ○	氧原子
	 $○_2$	

小实验　臭氧层的影响

实验目的

模仿臭氧层对光的影响。

你会用到

一只透明的塑料文件夹，一瓶高 SPF 的防晒霜，一张报纸，一卷胶带，一盒橡皮泥。

实验步骤

提示：*在光照好的正午，做这个实验效果最好。*

1. 用手指把文件夹的一面涂满防晒霜，确保涂成均匀的一层。涂完后把手洗干净。
2. 把报纸放在室外的桌子上。
3. 把报纸粘在桌角上。
4. 把文件夹放在报纸的中央，用很多核桃般大小的橡皮泥球来支起文件夹，使涂有防晒霜的一面向上。如果不让文件夹接触报纸，用橡皮泥球支撑起文件夹的中央。

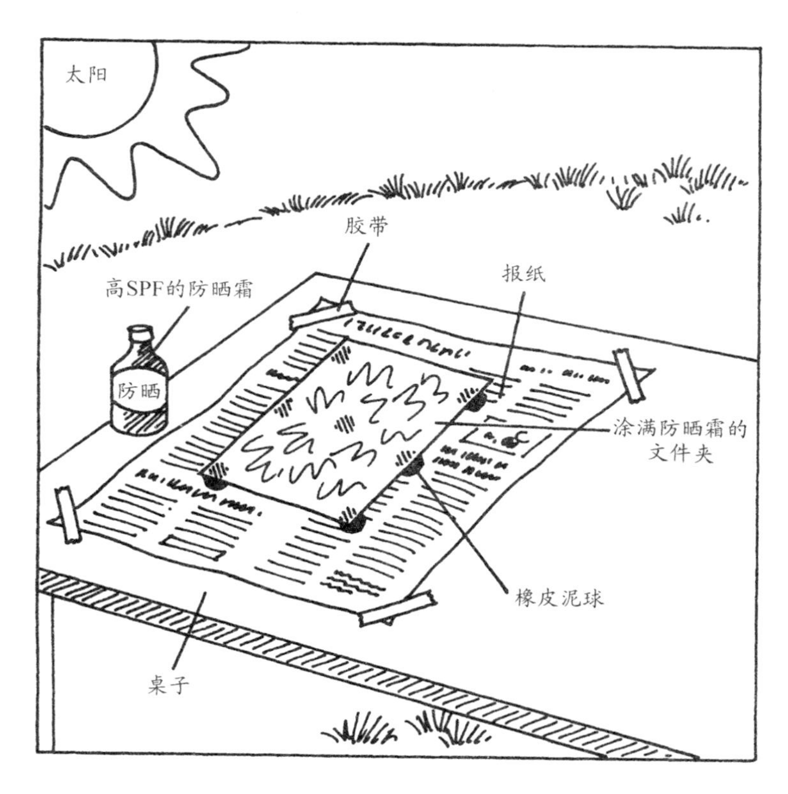

❺ 2 小时后，把文件夹移开，对比文件夹正下方的报纸颜色和文件夹以外的报纸颜色。

实验结果

文件夹下方的报纸颜色仍然是白色的，而文件夹以外的区域，报纸颜色变黄了。

实验揭秘

用来制造报纸的纸，在去氧漂白之前是黄色的。随着时间的推移，报纸会变黄。因为经过一段时间，空气中的氧又回到了报纸上。来自太阳的紫外线加速了氧和报纸的结合速度，所以报纸变黄所需的时间缩短。防晒霜，就像臭氧层一样，会阻止大部分的紫外线照射在报纸上。

练习题参考答案

1. 解题思路

(1) 浮游生物是鱼 A 的食物，鱼 A 是鱼 B 的食物。

(2) 没有浮游生物，鱼 A 会死。

(3) 没有鱼 A，鱼 B 会死。

答：臭氧层空洞可能产生的结果是 C。浮游生物、鱼 A 和鱼 B 都会死。

2. 解题思路

模型	符号	名称
	 $\bigcirc$	氧原子
	 $\bigcirc_2$	氧气
	 $\bigcirc_3$	臭氧

垃圾去了哪里

常识须知

家里产生的垃圾发生了什么？当垃圾车运走了垃圾，人们会把它们魔术般地变没吗？不会的！人们产生的垃圾或者被埋在垃圾填埋场，或者被焚烧，或者再利用。

敞开式的垃圾堆里的废物，会在外面暴露很长时间。昆虫、老鼠和其他带病菌的动物会在垃圾堆里觅食。它们发出臭味，埋下了火灾隐患。垃圾堆也使**渗液**(来自垃圾的雨水和其他液体的混合物)渗漏到地下水中。

开放式垃圾场逐渐被垃圾填埋场所代替。和垃圾堆不同，在垃圾填埋场，通过把废物和脏水密封在地下的特殊设计的密封层，达到保护环境的目的。脏水流到填埋场的底部后被排出。然后脏水在填埋场或者在废水处理厂被处理后，才可以排进河道。

垃圾被倾倒在填埋场，然后经过碾压压实，当填埋场装满一层垃圾，就用黏土覆盖上，如此反复，最后覆以 90～120 厘米的表层土。然后种上草和树木，这些地区就可用来当作公园或者其他娱乐场所。

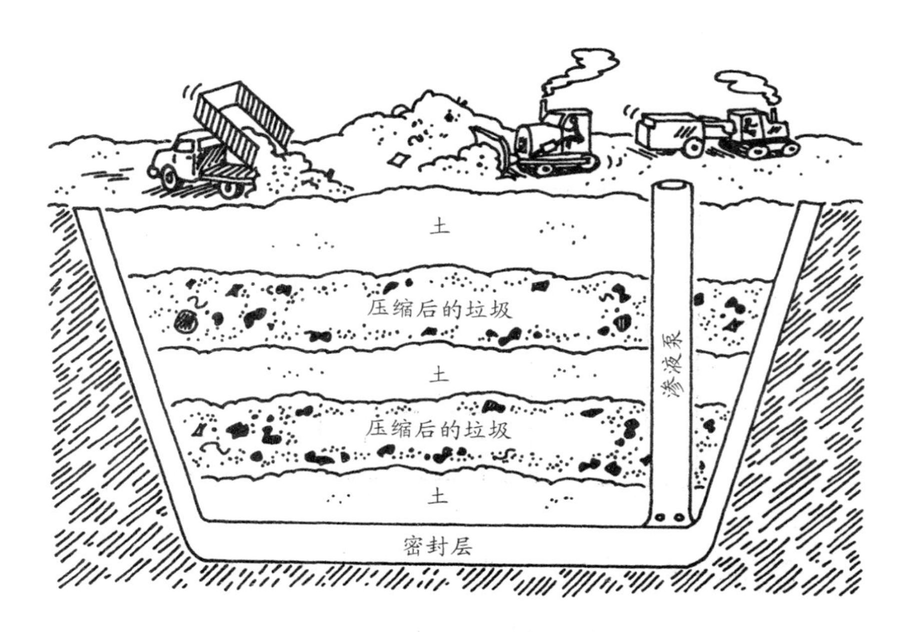

美国大约有 6 000 所垃圾填埋场，虽然它们比露天垃圾场的好处多，但它们不是垃圾处理的全部解决方案。它们必须邻近社区，要求有特殊类型的土壤和地理条件。满足这些要求的地方很难找到，而正在使用的填埋场会很快被填满，比预期的要快得多。设计不合理、管理不到位的填埋场是不会对环境有保护作用的。

练习题

1. 利用下页的柱状图，完成以下关于垃圾处理方式的填空。

a. 大多数垃圾是________。

b. 垃圾中只有 13%是________。

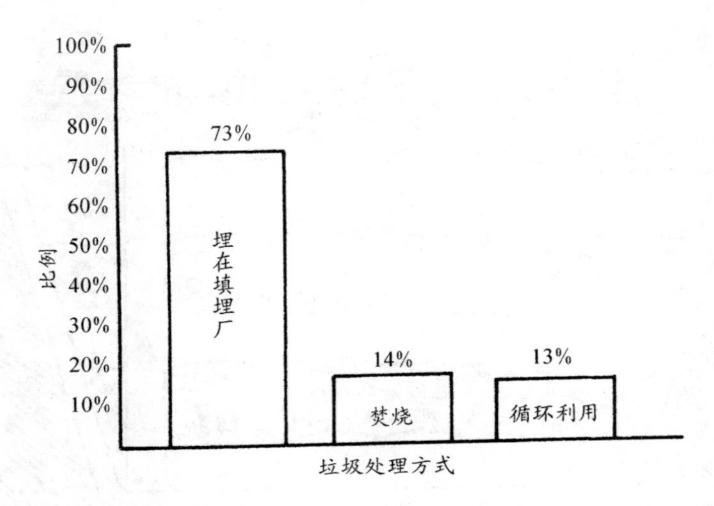

2. 利用数字判断哪一种材料经常被扔掉。

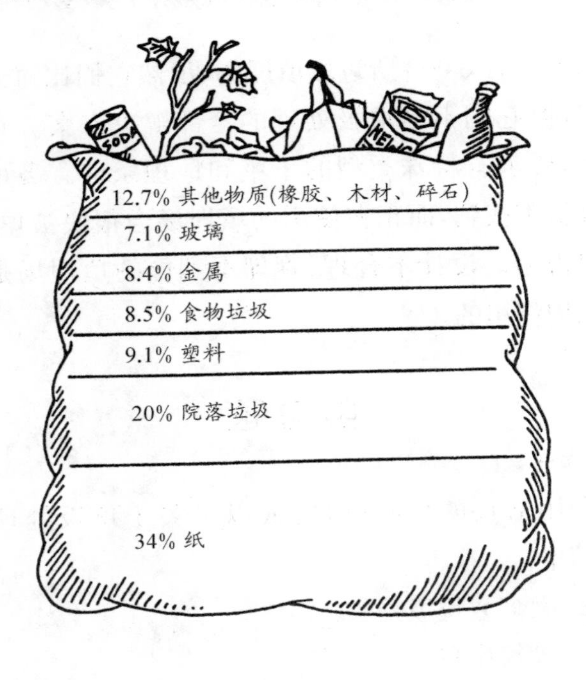

小实验　垃圾的变化

实验目的

观察不同材料在垃圾填埋场中是如何变化的。

你会用到

一把剪刀，一把直尺，一只大的塑料垃圾袋，2 只鞋盒，一卷透明胶带，2 鞋盒的土，一只大碗，一些自来水，2 套测试材料（一张报纸，一片橘子皮，一张铝箔，一只塑料盖，一把放大镜）。

实验步骤

❶ 剪下 2 块 55×55（厘米）的塑料膜。
❷ 用 2 块塑料膜分别封住 2 只鞋盒。
❸ 把塑料边用胶带粘牢。
❹ 碗里装满土后，洒水使之湿润。

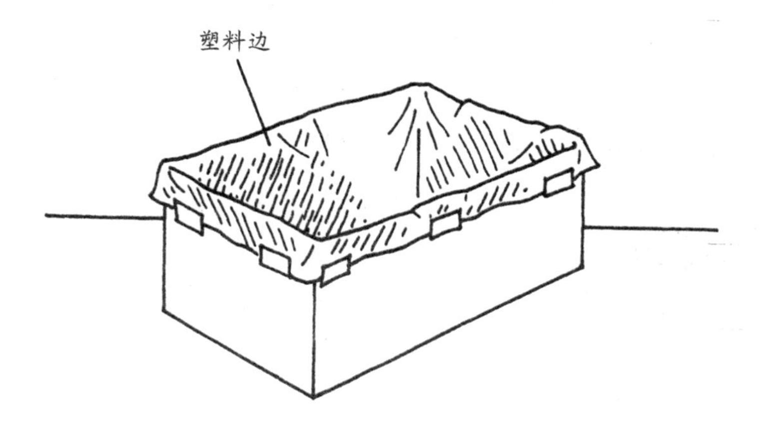

❺ 在每只鞋盒里倒入 5 厘米高的湿土。

❻ 在每只鞋盒土壤的表面上，分别放上一套检测材料。材料之间互相不要接触。

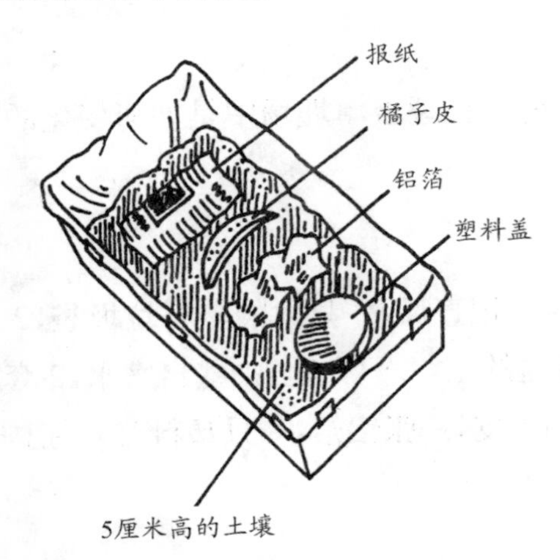

❼ 在检测材料上覆盖上土壤。

❽ 把盒子放在阳光充足的地方，在接下来的 28 天，向盒子里撒入足量的水，使土壤保持湿润。另一只盒子的做法同上。

❾ 14 天之后，小心移开检测材料上的土壤。

❿ 用放大镜观察这些材料。

⓫ 再过 14 天之后，移开另一只盒子检测材料上的土壤。

⓬ 再次用放大镜观察这些材料。

实验结果

14 天后，铝箔和塑料盖没有变化，报纸和橘子皮呈现出一些分解的迹象。28 天后，铝箔和塑料盖仍然没有变化，报纸和橘子皮则呈现出更多分解的迹象。

实验揭秘

当垃圾被倒在垃圾填埋场时，人们希望土壤中的微生物能分解这些废弃物。有些材料分解的时间会更久一些。像纸和食物只需要几天的时间就能被分解，而塑料和铝箔要完全分解需要 200 年。容易被微生物分解的物质称作生物可降解物质。

在这个实验中，盒子被塑料覆盖，类似于用泥或厚厚的人造塑料来封闭垃圾填埋场。就像盒子里的塑料能防止盒子被潮湿的土壤侵蚀一样，填埋场里的密封层能防止有害的液体渗入地下。

练习题参考答案

1a. 解题思路

图中最高的柱状图是哪个?

答: 大多数垃圾被埋在填埋场。

1b. 解题思路

哪一个柱状图和 13%的标示一样高?

答: 多数垃圾中只有 13%可以再循环利用。

2. 解题思路

袋子上最大的区域是什么?

答: 和其他材料相比，纸经常被扔掉。

可再生能源

常识须知

随着地球人口的增加，对能源的需求也在不断增大。证据表明，现在用于能源的矿物燃料耗费远远高于自然形成的速度。太多的人口正在使用太多的能源，矿物燃料即将被用尽。

因为矿物燃料有限并且不能再生，我们必须节约我们所使用的能源，并且进一步研究可利用的再生能源，例如地热能、水能、风能、核能和太阳能。

地热是来自地球内部的热量，当地壳深层的地下水接触到岩浆（地球内部融化的液态岩石）后，变成蒸汽。温泉就是地球表面地热释放的一个例子。如果蒸汽被聚拢，可以钻一口井，蒸汽直接进入被称作蒸汽涡轮的机器中，推动叶片旋转，从而产生电。地热能是一种清洁的能源。遗憾的是，只有为数不多的地方可以利用地热资源，现在我们还不知道抽取大量的地热资源对地球会造成什么影响。

核能是原子核的变化产生的能量。这些变化产生的热量，可以用来加热水，产生蒸汽，转动涡轮来发电。使用核能的优点在于少量的燃料能产生大量的有用能源，同时不会产生污染气体破坏环境。使用核能的缺点在于核废料和核反应堆很危险。

太阳辐射以热和光表现出的太阳能到达地球后，温暖了地球表面和周围的大气。植物吸收太阳能，为全世界的人们提供食物能量。太阳能可以是主动的，也可以是被动的。主动的太阳能例子是太阳能电池板的使用，它可以把太阳能转化为电能。被动的太阳能的例子是温室中玻璃的使用，可以让更多的太阳能进入。太阳能清洁，无污染，但是主动的太阳能目前还不能广泛推广，因为它的设备很昂贵，并且阴雨天不能运行。

水能和风能是两种最古老的能源，都可以用来发电。这些能源不会被用光，也不会造成大气污染，但是它们都有缺点：利用水能要改变环境建造大坝，会影响大坝区域的鱼和其他野生生物的生存；风能的主要缺点是风不是常年都在吹的。

科学家已经发现洋流是一种理想的能源，利用“潮汐能”发电已经成功。利用洋流发电，不会污染环境。

练习题

利用下图回答下列问题：

1. 在17世纪，欧洲人用什么设备来保护探险者带回来的热带植物？
2. 美国威斯康辛州的第一座水电站建于何时？
3. 美国宾夕法尼亚州的第一座商业核反应堆建于何时？

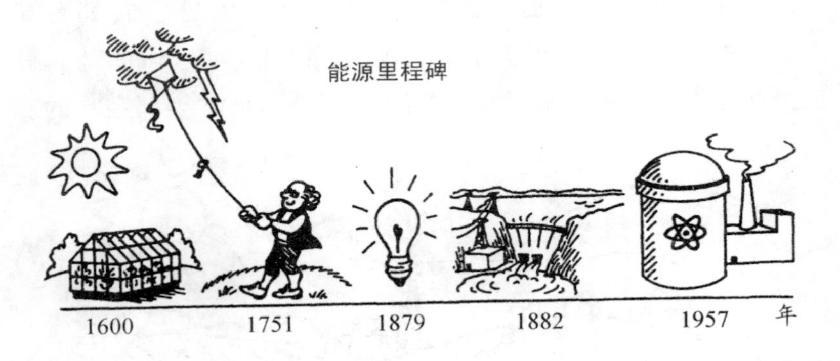

小实验　风力发电

实验目的

显示怎样用风力来发电。

你会用到

一把剪刀，一把直尺，一张打印纸，一支铅笔，一枚硬币，一台打孔器，一根吸管，一团泥土，一只纸巾卷上的硬纸筒，一根线，一只纸夹，一台风扇。

实验步骤

❶ 从纸上剪下一个 15×15(厘米)的正方形。

❷ 在正方形上画 2 条对角线。

❸ 用硬币在纸的中心画一个圆。

❹ 沿着圆外侧的 4 条对角线剪开。

❺ 如下图所示，用打孔器在圆心和每个角各打一个小孔。

❻ 把纸的每一个角折叠起，使每个角上的小孔和圆心的小孔重叠。折叠的角称作叶片。

❼ 使吸管穿过所有的小孔，叶片处在吸管的一端，折叠的角背对吸管。

❽ 在吸管两端包上泥土放在叶片边上适当的位置。

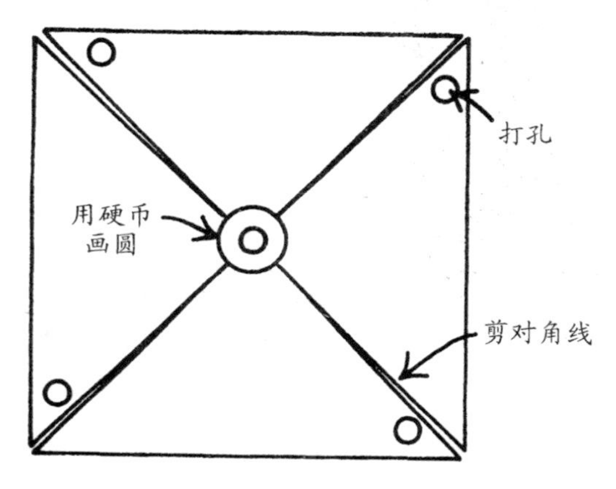

❾ 用打孔器，使 2 个相对的小孔处在硬纸筒的一端附近。

❿ 把铅笔插入纸筒洞中，转动铅笔使洞变得比吸管直径略大。

⓫ 把纸筒的另一端粘在桌子边上。

⑫ 把吸管的另一端插入纸筒的洞中，使叶片对着桌子中心。

⑬ 剪下一段 60 厘米长的线。

⑭ 把线的一端粘在距离吸管底端 5 厘米处。

⑮ 把纸夹子夹在线的另一端。

⑯ 在距离叶片 30 厘米处，放一台风扇。

⑰ 让风扇低速转动。

⑱ 观察叶片、吸管和纸夹的运动。

实验结果

叶片和吸管会转动。细绳会随着吸管转动，使纸夹上移。

实验揭秘

纸叶片是一个称作轮轴的简单机器模型。这种机器是由

一个大轮子附属在一个小轮子或轴上，用来举起物体。这个实验中的模型解释了风车运行的原理。

风扇的风吹动模型风车的叶片（轮），使之转动。轮子转大圈，吸管（轴）转小圈。轮子转一大圈，细绳绕着转动的轴转一圈。模型风车就像真的风车，利用风能来运转。风车能被用来泵水、磨米或者发电。

练习题参考答案

1. 解题思路

（1）在图上找到 1 600 年。

（2）这个时间所对应的发展是什么？

答： 欧洲人首先尝试了温室，这是一种利用被动的太阳能的设施。

2. 解题思路

（1）在图上找到水电站。

（2）对应这个发展的时间是什么？

答： 美国第一座水电站 1882 年建于威斯康辛州。

3. 解题思路

（1）在图上找到核反应堆。

（2）对应这个发展的时间是什么？

答： 美国第一座商业核反应堆于 1957 年建于宾夕法尼亚州。

保护有限的资源

常识须知

农业是把健康的动植物制造成食物、衣物、纸、药、化妆品和其他产品的科学。水和土壤是农业需要的两个最重要的资源。这些资源是有限的，但是如果管理恰当，它们就可以再利用。

农民小心管理着土壤，种植健康的植物，养殖健康的动物。下面是土壤管理的4个例子：

1. **等高耕作**：在陡坡上，庄稼环绕着小山种植，而不是垂直耕作。这就阻止了土壤被水侵蚀。
2. **轮作**：庄稼从土壤中汲取不同的营养，每个季节种植不同的庄稼，从而使土壤有休息更新的时间。
3. **滴灌**：通过直接浇灌植物底部，减少水的浪费。
4. **防风林**：种植树木和灌木，保护土壤不被风侵蚀。

林场工人在树木被砍伐（用来造纸和其他木制品）的地方，重新种上树木。牧民们养护草地。这些地方为很多的野生生物提供了食物和栖息地。

在不破坏环境的条件下，人们正在使用各种方法来合理

地保护土地。自然的捕食者，像瓢虫，可以用来捕杀毁坏庄稼的小害虫。科学家们正在研究开发更多能抵御害虫的植物，计算机正被应用于种植和收获设备中，甚至被用来管理喂食和照顾动物。你如果能制造和改善一些新产品，例如，从玉米中提取道路除冰剂（能融化雪和冰的材料），用谷物制造燃料，或者用农产品生产可生物降解的塑料，在不久的将来，你就能成为一名真正的科学家了。

练习题

1. 把下面的词和所代表的图匹配。

防风林

等高耕作

农业

小实验　农业用地

实验目的

阐述可用于农业的土地数量。

你会用到

一盆橡皮泥（有红、蓝、黄、绿四色），一把刀（只可以成年人使用），一名成年人助手。

实验步骤

❶ 把一块红色橡皮泥揉成苹果大小的球状。

❷ 请成年人助手用刀从球上割下一部分橡皮泥。

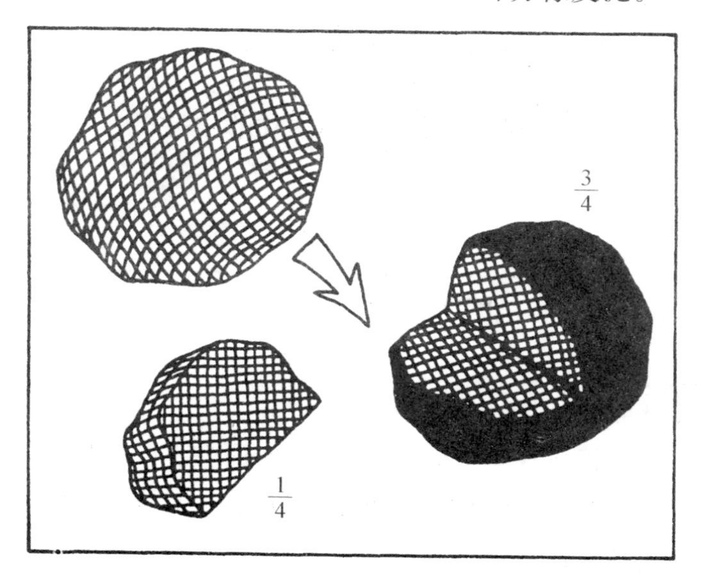

❸ 把剩下的曲面用蓝色橡皮泥覆盖上。

❹ 将曲面用黄色橡皮泥覆盖。

❺ 请助手纵长切下部分，切下后成为 2 个部分。

❻ 请助手把其中一个部分四等分，成为 4 个部分。

❼ 把其中一个部分的曲面用绿色橡皮泥覆盖。

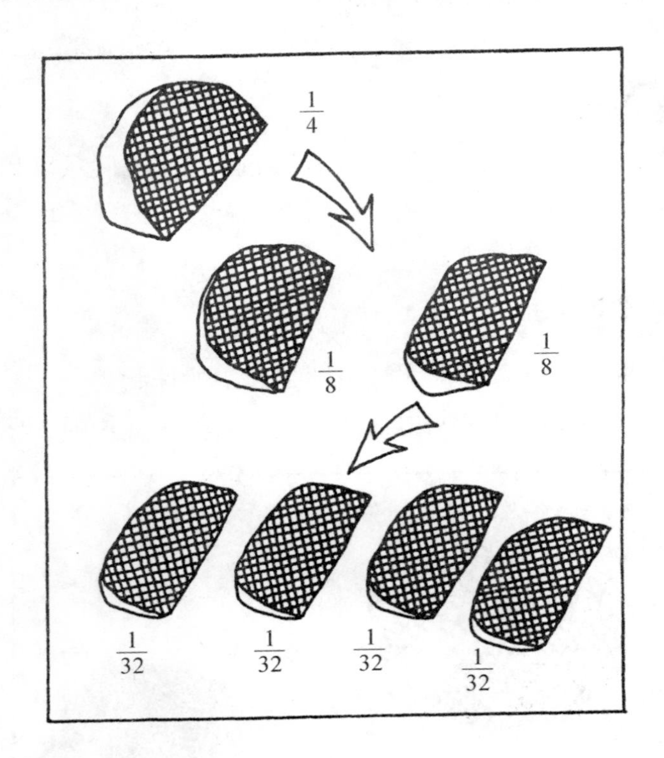

实验结果

红色的橡皮泥球被分成 6 部分，曲面被不同颜色的橡皮泥覆盖。1 个曲面是蓝色的，4 个是黄色的，1 个是绿色的。所有的平面仍然是红色的。

实验揭秘

红球代表地球。被蓝色覆盖的部分代表地球上的海洋。黄色部分代表南极洲、荒漠、高山和沼泽地等不能生长庄稼的区域。3个黄色部分代表太湿、太热或太多岩石的土地，或者土壤贫瘠不能用于农业生产的地区。最后覆盖着绿色的部分，代表着生产所有食物和其他农产品的区域。

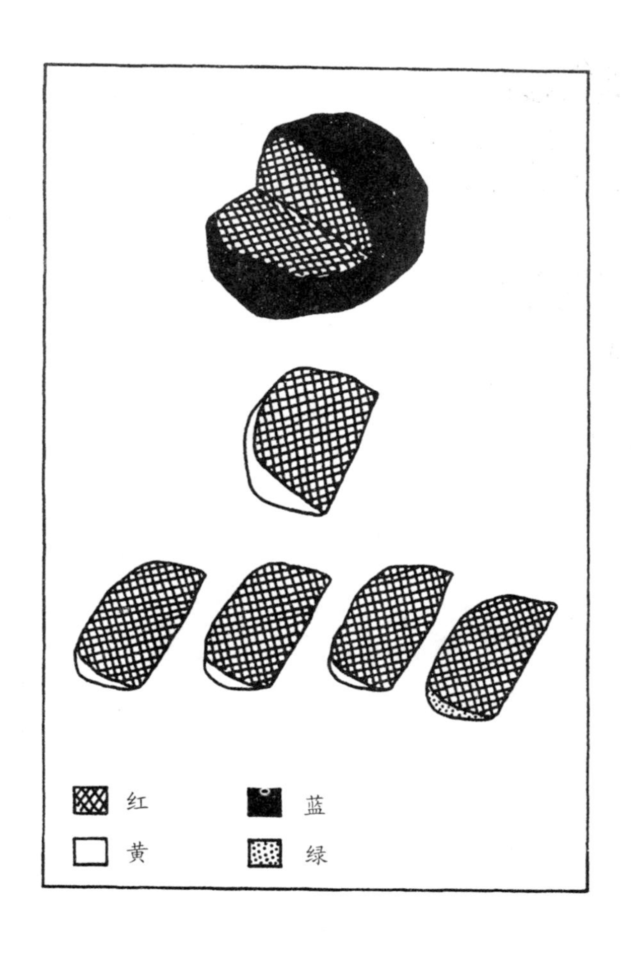

练习题参考答案

1a。解题思路

庄稼围绕着小山种植。

答：图 A 代表等高耕作。

1b。解题思路

动植物生长用来提供食物和作其他用途。

答：图 B 代表农业。

1c。解题思路

人们把树木种植在田地附近，用来保护土壤免受风的侵蚀。

答：图 C 代表防护林。

濒临灭绝的物种

常识须知

灭绝是指生物物种从地球上永远消失。濒临灭绝的动物是指那些如果不采取行动拯救它们，就有濒临灭绝危险的动物。物种的灭绝有 3 种原因：一是动物栖息地和植物生存环境遭到破坏，这是主要原因；二是过度开发或不适当地引进外来物种；三是人为捕杀动物。化石是史前动植物的残骸，表明了整个地球历史所发生的灭绝过程。例如火山喷发或者气候变化等自然灾害会带来生物的灭绝。不能适应这种变化的生物就会死亡。

大约 6.5 亿年前发生了大规模的灭绝，恐龙就是在这个时候灭绝的。一个最新的理论认为，当时有一块陨石撞击地球，形成了环绕地球很多年的尘埃云。尘埃云阻断了阳光，使地球气温下降，导致许多动植物死亡。

几百万年以来，动植物的灭绝一直在发生着，并且仍然在继续。目前的问题是，人类的原因正在加速物种的灭绝。原因之一是地球上的人口每天都在增加。更多的人需要更多的居住空间和更多的自然资源，例如水、木材、矿物质、石油和其他来自土地的产品。其他的生物不得不和人类争夺空间和自然资源。而人类通常是赢家。

人类使动物濒临灭绝的另一种方式是改变环境。每一个物种都有特殊的适应栖息地的能力。如果栖息地变化很快，生物就会适应不了，最终死去。看看你周围的地区，用于居住、商店、停车场和街道的土地，曾经是动植物的家园。在这些建筑物和道路修建的过程中，动物迁徙到了不同的地方，但是如果它们找不到食物和栖息的地方，就会死去。一个地区的建筑物不会使物种灭绝，除非这个地区是该物种在地球上唯一生存的地方。然而，许多地区的建筑就会使物种濒危或灭绝。

污染也会带来灭绝。这个问题的根源还是人类。人为制造的污染物会使动物濒临灭绝，相关例子如下：

- 杀虫剂用来杀死害虫，但是这种毒药伤害的不只是害虫。
- 化学产品倾倒进河道，不仅影响人类的饮用水供应，而且也会毒害鸟、鱼、植物和其他生物，以及以这些生物为食的动物。
- 溢出的石油对淡水和海上环境都是一种威胁，并且会长期影响许多物种的生存。石油会使海洋生物窒息和中毒，也会使鱼不能产卵或者畸形。
- 燃烧化石燃料产生的污染气体会影响所有的生物。
- 进入海洋、湖泊和池塘的废物，动物会把它们误作食物。塑料和其他废物对动物来说是致命的。

一些濒临灭绝的物种有大型猫科动物（例如印度豹）、短吻鳄、东部灰袋鼠、鲸鱼、白鹭、天堂鸟和许多不同物种的鱼。

停止建造房屋和道路，或者不开车，就是解决问题的答案吗？不！但是我们看到了正在发生的一些变化。人们正在以草地的形式，在城市的公园、野生动物保护区和一些自然保护区，保留动物的自然栖息地。

另一种方式就是减少有害化学污染物的使用，或者使用能达到同样目的的替代品。当人们乘坐公交车或拼车，会减少空气的污染。可以用自然手段代替危险的化学品来控制恼人的昆虫。例如，在玫瑰花丛中种植细香葱能防止昆虫侵袭玫瑰。

许多解决办法都是成年人的决定。但是你能做些什么呢？当你去参观一个自然保护区，不要采摘植物，把垃圾放进分类容器中，在铺好的道路上行走。记住，你是一个访客。要保留此地的原样。

练习题

1. 根据下面的人口增长柱状图，与1650年相比，到2000年为止地球上生活着多少人口？

2. 动物灭绝的速度和人口的多少有着直接的联系。根据柱状图，在哪两年之间，动物最有可能会大规模灭绝？

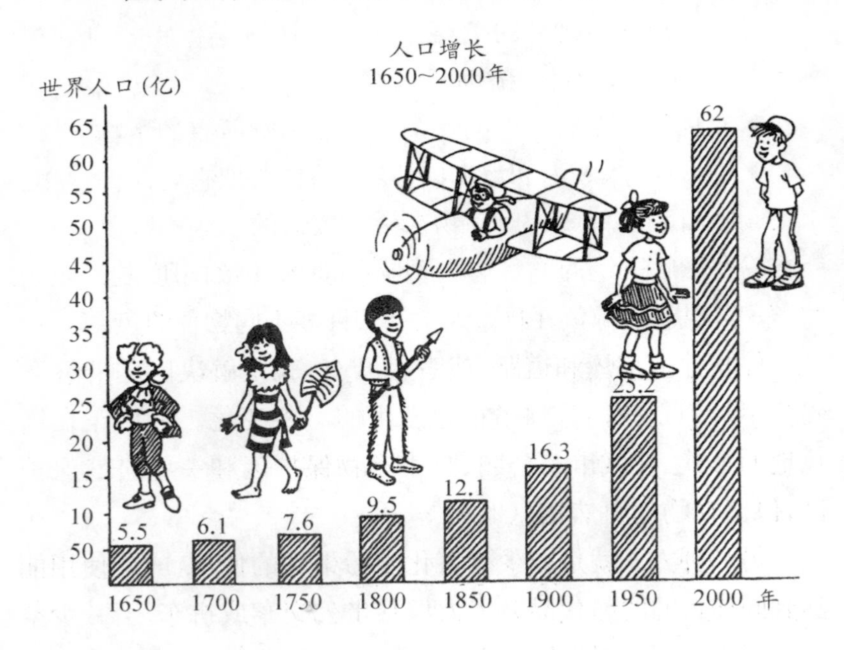

小实验　过度捕捞有何影响

实验目的

了解过度捕捞的影响。

你会用到

一把剪刀，2 块洗碗碟的海绵，一只大碗，一些自来水，一只小的滤茶器，一只小碗，一只大的滤茶器，一名助手。

实验步骤

❶ 把每块海绵剪成边长为 2.5 厘米的小立方体。

❷ 将大碗里装满水。

❸ 把 10 枚海绵立方体放在水里，海绵会漂浮在水面。

❹ 请助手闭上眼睛，把小的滤茶器放在水里，然后一次舀起尽可能多的立方体。

❺ 把立方体从滤茶器里拿出放在小碗里。

❻ 数数水里剩下的立方体，然后放入同等数量的海绵立

方体，使水里的海绵数量翻倍。

7. 步骤 4～6 重复 3 次。最后舀出时，不要再添加海绵了。
8. 往水中放 10 块海绵，再次开始。
9. 要求助手用大的滤茶器将步骤 4～5 完成 4 次。最后一次后，数数水中剩下的海绵立方体，并且加入同样数量的立方体，使水中的立方体翻倍。

实验结果

使用小的滤茶器每捞一次后，会投入一定数量的立方体，碗中海绵的数量会增加。用大的滤茶器打捞 4 次后，立方体的数量大幅减少，甚至为零。

实验揭秘

海绵立方体代表鱼，滤茶器代表捕鱼的渔网。用小的滤茶器捞立方体就像用很小的网捞鱼，抓到的鱼就少。加入立方体代表鱼的繁殖。不断增长的人口需要更多的鱼来养活，商业捕鱼船会一网捕获更多的鱼。当剩下的鱼产卵的速度跟不上大量捕获的速度，就会出现问题。过度捕捞会使鱼繁殖的速度慢于捕捞的速度，就像使用大的滤茶器，捞出后又不添加立方体的道理一样。因为过度捕捞，一些鱼濒临灭绝的边缘。

练习题参考答案

1. 解题思路

（1）到 2000 年为止，地球人口是多少？

62亿。

（2）1650年人口的数量是多少？

5.5亿。

（3）这些数字之间的区别是什么？

62亿－5.5亿＝56.5亿。

答：到2000年为止，在地球上居住的人口，比1650年多了56.5亿。

2. 解题思路

在哪两个年份之间，人口变化最大？

答：在1950年到2000年之间，动物最有可能会大规模灭绝。

译者感言

生态学是研究生物与生物之间、生物与环境之间的相互关系的学科，也是研究生物与其唯一的家园——地球之间关系的学科。这本书对这些关系进行了介绍，并指出如果关系中的任何一个环节被打破或毁坏所产生的后果。

一株杂草何时不是杂草？一只长耳大野兔在荒漠中如何生存？为什么山越高，气温越低？……了解了这本书里的内容，你会有兴趣探索一切，从你在传播种子方面起的作用，到温室气体对地球大气的影响。

用一块葡萄干酥饼干、一根铅笔、一根牙签，你就会了解一只啄木鸟是怎样获取食物的。用米和袜子，你就会明白山羊如何在崎岖的山上行走。在其他有趣的活动中，你会知道仙人掌怎样储水，猎杀狐狸会如何影响树木的生长等。

工业化和城市化使人类渐渐远离了山川、森林和原野，也许将来有一天，人们只能在电视上或电脑里欣赏这些美景了。“自然缺失症”已经成为人类共同的现代病。本书作者用简洁、生动、有趣的语言，把生态学这个看似遥远的概念，带到孩子们的身边。

透过这本书，你会发现科学是多么有趣，你会知道你在环境中起着多么重要的作用。书里的各种理念和活动会增强孩子们的环保意识。希望我的翻译，能准确传达作者思想，把生态学的概念带给中国的孩子们。让孩子们认识大自然，热爱大自然，了解人与自然的关系。

感谢作者为孩子们写出了这么有趣的书，同时也感谢上海第二工业大学的张军教授、王晓平副教授、张锦京副教授、徐菊副教授在我翻译过程中给予的帮助和指导。在本书的翻译过程中，得到了以下人员的大力支持和帮助，特此一并表示感谢：李名、俞海燕、吴法源、李清奇、陆霞、张春超、庄晓明、沈衡、文慧静。同时特别感谢本书的策划编辑石婧女士。

祈读者匡正。

（注：本书译者为上海第二工业大学英语语言文学学科金海翻译社成员）